女人养颜经

钟利群　主编

中国纺织出版社有限公司

图书在版编目（CIP）数据

女人养颜经 / 钟利群主编 . -- 北京：中国纺织出版社有限公司，2024.12. -- ISBN 978-7-5180-1336-4

Ⅰ . TS974.1

中国国家版本馆 CIP 数据核字第 2024ZR6748 号

责任编辑：舒文慧　　责任校对：王花妮　　责任印制：王艳丽

中国纺织出版社有限公司出版发行
地址：北京市朝阳区百子湾东里A407号楼　邮政编码：100124
销售电话：010—67004422　传真：010—87155801
http://www.c-textilep.com
中国纺织出版社天猫旗舰店
官方微博 http://weibo.com/2119887771
天津千鹤文化传播有限公司印刷　各地新华书店经销
2024年12月第1版第1次印刷
开本：710×1000　1/16　印张：14
字数：204千字　定价：68.00元

前言

自古以来，女性对于养颜的探索从未停歇。从古代宫廷的美容秘方到现代科技的护肤创新，女性对美的追求一直是细腻而深刻的。养颜，不仅仅是为了外在的光彩，更是一种对健康和生活品质的追求。

在历史的长河中，女性养颜的智慧如同璀璨的星辰，闪耀着特有的光芒。这些智慧，往往体现在一些简单而有效的“老偏方”中。它们或许源自一位母亲的细心观察，或许是一位老中医的世代相传……这些偏方以其独特的魅力，成为女性养颜过程中不可或缺的一部分。

随着时间的流逝，这些老偏方并没有因为岁月的流逝而褪色，相反，它们在现代女性的养颜实践中焕发出了新的活力。本书便是在这样的背景下应运而生的，它们不仅仅是一些简单的美容秘诀，更是一种生活的态度，一种对健康和美丽的深刻理解。

我们将一起探索这些古老的奇效方，从传统到现代，从外在到内在，从美容到健康……让我们一起走进养颜的世界，去感受那些简单而深刻的养颜智慧，去体验那些古老而现代的养颜方法。

希望在养颜的道路上，每一位女性都能找到属于自己的保持美丽和健康的方法！

编者

2024年3月

特别说明

一、书中的液体药剂或溶剂以毫升为单位计算者，每500毫升为500克，个别地方以杯为计量单位者，每杯约200毫升。若方剂中有详细说明，则以具体说明为准。

二、本书偏方的药量，除特别说明外，一律为成人用量，老人、儿童等患者的用量宜根据具体情况有所减少。

三、本书所涉及的中药，除特别说明用“生”“鲜”药外，均应采用正规中药店出售的中药。

四、本书所涉及的偏方中用到的药物若没有说明具体的制法，则参照：每30克药物一般加水约150毫升，煎取50毫升；第二煎加水约100毫升，煎取30毫升，然后混合，分2～3次服。方中有矿物药如石膏等，应先煎；有挥发性的药物如薄荷、藿香等，则应后下。服鲜汁者，应先将药物洗净，捣碎，加入少量凉开水拌匀，然后用煮沸消毒的纱布压榨取汁。凡外用药会刺激皮肤发红起疱的，以起疱为度，不可久用。

五、本书所涉及的偏方中，有些古方的药材现若使用，均为养殖、人工饲养等，或用功效相近的进行替代。

需要注意的是，本书所收偏方未必适用于所有女士，患者在使用时最好先咨询中医师，再根据自身条件斟酌使用。

内调外养，由内而外抗衰防老

第二章 从头到脚的完美呵护，助您成为“俏佳人”

第三章 解决皮肤困扰，寻回女性容颜美

第四章 告别女性常见病症，美容颜保健康

第五章 缓解孕产期不适，助您远离病痛困扰

内调外养，由内而外抗衰防老

女性养颜，是一场内外兼顾的美丽修行。而偏方具有很好的养颜保健功效，可以由内而外地促进健康、滋补身体、改善容颜。现代女性将偏方与养颜理念相结合，通过内调外养，激活身体自我修复的能力，必然可以更全面、更深入地追求自然美、延缓衰老。

补气养血

什么是气呢？中医理论认为，气是构成人体和维持人体生命活动最基本的物质，能够在不断地运动中推动和温煦人体的生命活动。血也是构成人体和维护人体生命活动的基本物质之一，主要由营气和津液组成，具有很强的营养和滋润作用。

中医有“气为血之帅，血为气之母”之说，“气为血之帅”包括气能生血，气能行血；“血为气之母”是指血为气之载体，血能生气。气与血互根互用，相互依存。尤其是对女性而言，气血足则面色红润、身体健康。因此，平时我们可以选择合适的偏方来补养气血。

枸杞子茶

原料：枸杞子30克。

制法：将枸杞子放保温杯中，用沸水冲泡。

用法：代茶饮。每日1剂，连服2～4个月。

功效：滋补肝肾，调理气血。

枸杞子

红枣粥

原料：红枣10～15颗，粳米100克。

制法：红枣和粳米如常法一同煮粥。

用法：食粥。

功效：本方可补气血、健脾胃，对胃虚食少、脾虚便溏、气血不足、血小板减少、贫血、慢性肝炎、营养不良有较好的改善作用。

红枣

熟地粥

原料：熟地黄10克，粳米100克，白糖适量。

制法：将熟地黄择净切细，用水浸泡片刻，与粳米一同放入锅中，加清水适量，煮稀粥，待熟时放入白糖，再煮1～2沸即成。

用法：每日1～2剂。

功效：滋阴补血，益精明目。

补脾益气酒

原料：生晒参、山药、茯苓各30克，白术、山茱萸、神曲各15克，白酒1000毫升。

制法：将上述前六味材料碾碎，装纱布袋内，扎紧放入瓶中，加白酒，密封，12日后开封饮酒。

功效：改善气虚、倦怠症状。

山药

花生饮

原料：花生米100克，红枣（干）50克，红糖适量。

制法：温水泡花生米半小时，取皮；红枣洗净后温水泡发，与花生米皮同放锅内，倒入泡花生米，加适量清水，用小火煎30分钟，捞出花生米皮，加红糖即成。

用法：每日3次，饮汁吃枣。

功效：养血补血。适用于身体虚弱及产后、病后血虚者食用。

花生

童子鸡露

原料：童子鸡1只，葱、姜、黄酒、盐各适量。

制法：将童子鸡宰杀，去除内脏和鸡毛，洗净切块，在汽锅内放入鸡块，并放葱、姜、黄酒、盐等佐料，不加水，利用汽锅生成的蒸馏水，制得“鸡露”。

用法：饮露食肉。

功效：本方可益气、补精、强健身体，凡体弱、产后、病后、老年消瘦者皆可用。

何首乌糯米粥

原料：何首乌50克，红枣5颗，糯米100克，红糖（或冰糖）适量。

制法：何首乌入砂锅煎至汁浓，去渣，然后放入糯米和红枣，小火煮粥，待粥将成时，加入红糖（或冰糖），再煮沸即成。

用法：每日食用1～2次，7～10日为1个疗程，间隔5日再进行下一疗程。

功效：养血益气，养发乌发。

何首乌

白术

白术当归汤

原料：白术、当归、茯神、黄芪（炒）、桂圆肉、远志、酸枣仁（炒）、人参各3克，木香1.5克，炙甘草1克，生姜、红枣各适量。

制法：将以上原料以水煎取药汁。

用法：每日1剂，分2次空腹服用。

功效：改善气血两虚。

党参红枣粥

原料：粳米100克，党参、覆盆子各10克，红枣20颗，白糖适量。

制法：将党参、覆盆子放入锅中，加水煎煮，去渣取汁，粳米淘洗干净放入锅内，加入药汁、红枣，待粥熟时，加入白糖调味即成。

功效：益气补脾，养血安神。

桂圆

桂圆饮

原料：桂圆肉100克，白糖适量。

制法：桂圆肉放开水内用小火炖30分钟左右，然后再加入白糖调服。

用法：每日1剂。

功效：益气养血，滋阴补虚。

黄芪

黄芪乌鸡

原料：黄芪45克，乌鸡1000克，鸡清汤、料酒、葱段、姜片、盐各适量。

制法：乌鸡处理后洗净，放入沸水中汆烫，捞出洗净。将黄芪洗净，塞入乌鸡腹中，将乌鸡放入砂锅，注入鸡清汤，加料酒、葱段、盐、姜片，小火炖至乌鸡肉烂入味即可。

用法：佐餐食用。

功效：补脾益气，养阴益血。适用于月经不调、痛经、血虚头晕、白带过多等。

十全大补汤

原料：人参、川芎各6克，肉桂、炙甘草各3克，黄芪、熟地黄各12克，茯苓、白术、当归、白芍各9克，生姜3片，红枣2颗。

制法：将以上前十味材料共研细末，每次取9克，放入加有生姜和红枣的150毫升水中，同煎至100毫升时即可去渣取汁。

用法：每日1剂。

功效：补气养血，可改善诸虚不足、不思饮食、面色萎黄。

人参

莲子猪肚

原料：猪肚1具，水发莲子30颗，盐、香油、葱段、姜片、蒜末各适量。

制法：将猪肚洗净，内装水发莲子（去心），用线缝合，放入锅内，加清水，炖熟透，捞出晾凉。猪肚切细丝，同莲子一起放入盘中，再将葱段、姜片、蒜末、香油、盐等调料与猪肚丝、莲子拌匀。

用法：每日1剂。

功效：补气健胃。适用于营养不良、消瘦、脾虚泄泻者食用。

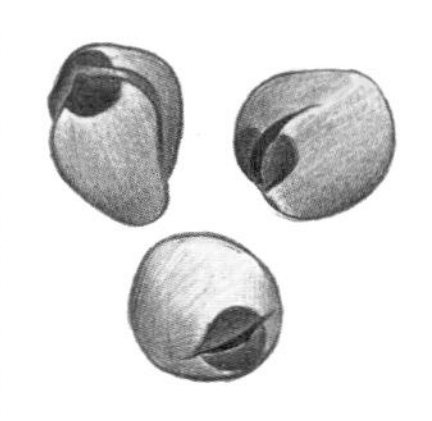

莲子

固元膏

原料：阿胶、熟黑芝麻、核桃仁各100克，红枣150克，冰糖60克，黄酒200毫升。

制法：熟黑芝麻、核桃仁、冰糖、阿胶分别粉碎，红枣去核后粉碎，将上述材料加黄酒拌匀，先密封，然后入蒸锅用大火蒸15分钟，转小火再蒸1.5小时即可。可分瓶存放于冰箱中。

用法：可作为饭后甜点，分3次食完。

功效：补血养血，特别适合女性长期食用。

葡萄茶

原料：葡萄250克，白糖少许。

制法：葡萄洗净，捣碎，加水煎煮取汁，加白糖调味。

用法：代茶饮。

功效：补气血，除烦渴。

葡萄

红花鱼头豆腐汤

红花

原料：红花6克，鱼头（肥大者）1个，豆腐、白菜各200克，料酒10毫升，盐、姜各5克，葱10克，鸡汤1000毫升。

制法：鱼头洗净，去腮；红花浸泡后洗净；豆腐切成4厘米见方的块；白菜洗净，切成4厘米长的段；姜拍松；葱切段。把鱼头放入炖锅内，加入红花、豆腐、白菜、料酒、盐、葱段、姜和鸡汤，用大火烧沸，再用小火炖煮50分钟即成。

用法：每日1次，分2次服完，佐餐食用。

功效：祛瘀，通络，补气血。

五红汤

赤小豆

原料： 枸杞子、红皮花生米、赤小豆各20粒，红枣5颗，红糖2匙。

制法：将1个可装两杯水的陶罐清洗干净，放入所有材料以及适量的水后加盖，然后把陶罐放到有水的锅里蒸煮，等锅里水沸后再用小火蒸20分钟即可。取出陶罐后，把陶罐里的五红汤倒入杯中，变温时饮用。

用法：早、晚各1杯。

功效：补中益气，养血安神。

小贴士

1.平时多吃一些补气养血的食物，如黄芪、阿胶、红糖、红枣、糯米、老母鸡、生姜、乌梅等。此外，猪肉、动物肝脏、血豆腐也有补铁生血的作用，同时摄入充足的维生素C，能增加铁的吸收和利用。

2.养成良好的生活习惯，例如，不吸烟、少喝酒、不偏食、不熬夜、少吃零食。还要保持良好的睡眠，要做到起居有时、娱乐有度、劳逸结合。

3.经常参加体育锻炼，尤其是生育过的女性，一定要积极参加一些力所能及的体育锻炼和户外活动，每天锻炼30分钟以上。运动可选择健美操、跑步、散步、打球、游泳、气功、跳舞等，吸收新鲜空气，增强体力。

养心安神

心主血脉。主，主宰；血脉，指血液和脉管。心主血脉，包括主血和主脉，是指心具有推动血液在脉管内运行以营养全身的功能。心主神志。神志即人的精神状态和意识思维活动，这些活动均由心主宰，心也影响着其他脏腑的功能活动。

如果一个人的心气旺盛，血液便能流注并营养全身，面色也会变得红润有光泽；如果一个人的心气不足，则血液不畅或血脉空虚，就会出现心悸气短等现象。对于女性而言，养好心，对拥有好面色十分有益，故女性养生贵在养心。

酸枣仁粥

原料：酸枣仁60克，粳米400克。

制法：酸枣仁炒熟，入锅水煎取汁；粳米淘净，入锅，再把酸枣仁汁倒入煎煮至熟即成。

用法：早、晚空腹食用，每次1小碗。

功效：补血养阴，养心安神。

酸枣

莲子瘦肉羹

原料：莲子肉50克，猪瘦肉片250克。

制法：莲子肉与猪瘦肉片加水炖至熟烂，调味即可。

用法：佐餐用。

功效：养心安神。

玫瑰枣仁心

原料：猪心1具，酸枣仁20克，玫瑰花10克。

制法：猪心去脂膜，洗净；酸枣仁略炒，与玫瑰花共研末，灌入猪心中；将猪心盛碗中，隔水蒸或上笼屉蒸至熟透。

用法：去猪心内药末，切片，拌调料食用。

功效：养心宁神。适用于心血不足所致的心悸怔忡、失眠健忘等。

玫瑰花

小米养心粥

小米

原料：小米50克，鸡蛋1个。

制法：将小米煮至粥熟，再打入鸡蛋，搅匀，鸡蛋熟透即可食用。

用法：每日2次空腹服食。如果在临睡前先以热水泡脚，然后食用此粥，效果更佳。

功效： 养心安神。适用于心血不足、脾胃虚弱、烦躁失眠等。

猪心莲子煲

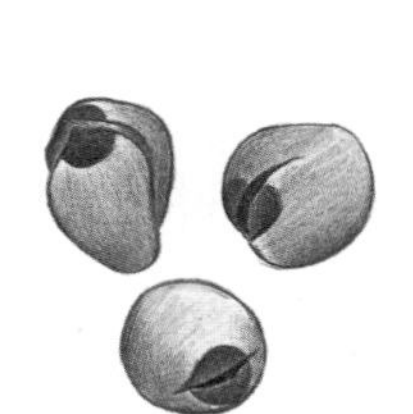

莲子

原料：猪心500克，莲子肉30克，盐、酱油、味精各适量。

制法：猪心洗净，与莲子肉入炖盅内，一同煲熟后，加入盐、酱油、味精等调味即成。

用法：佐餐食用。

功效：益智安神，补血养心。适用于心神不宁、惊悸怔忡、健忘等。

白糖桂圆

桂圆

原料：鲜桂圆500克，白糖50克。

制法：将桂圆去皮和核，放入碗内，加白糖，反复上笼蒸晾3次，至色泽变黑，拌少许白糖，贮瓶备用。

用法：每次食桂圆肉4～5粒，每日2次。

功效：养心安神。

白醋鸡蛋

鸡蛋

原料：白醋1.5毫升，鸡蛋1个，蜂蜜少许。

制法：将鸡蛋打入碗中，放白醋，将碗置笼屉上，蒸熟即成，加少量蜂蜜调味。

用法：趁热服食。每日晨起1碗蒸蛋，连服半个月以上。

功效：养心安神。

滋阴润肺

肺主气而司呼吸。主，即主持，管理之意。气是构成人体和维持人体生命活动的基本物质，肺主气，即指全身的气均由肺来主持管理。肺主宣发和肃降。宣发，即宣通、布散之意。肃降有清肃、洁净和下降之意。肺主肃降是指肺气宜清宜降。

肺主行水。肺气的宣发肃降运动推动和调节全身水液的输布和排泄。肺朝百脉。全身血液通过肺脉流注于肺，通过肺的呼吸功能，进行气体交换，然后再输布全身。对于女性来说，只有肺脏健康才能保证气血通畅，及时排出体内的毒素。

因肺为娇脏，喜润恶燥，所以平时可以多选择一些滋阴润肺的方子进行养生。

银耳冰糖水

原料：银耳10克，冰糖30克。

制法：银耳泡发，与冰糖一同放入锅内，先用大火煮沸，再用小火煮至熟烂即可。

用法：每日服用1次。

功效：滋阴润肺，养血和营。可用于肺结核、肺癌患者之肺阴亏虚、呛咳无痰、咯血以及高血压等的调养。

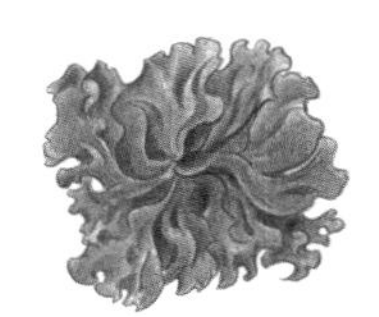

银耳

杏仁粥

原料：甜杏仁10克，粳米50克。

制法：杏仁研成泥，与粳米一同煮粥即可。

用法：佐餐食用。

功效：止咳平喘。适用于咳嗽、气喘。

甜杏

玉竹粥

原料：鲜玉竹45克，粳米100克，冰糖少许。

制法：鲜玉竹洗净，去掉根须，切碎煎取浓汁后去渣，加入粳米和水煮为稀粥，粥熟后放入冰糖，稍煮1～2沸。

用法：每日服2次，5～7日为1个疗程。

功效：滋阴润肺，生津止渴。

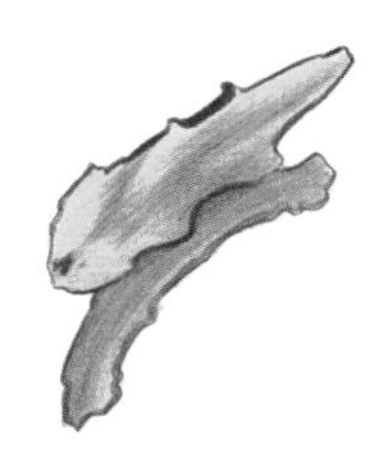

玉竹

黑木耳

黑木耳粥

原料：黑木耳15克，红枣3颗，粳米100克，冰糖适量。

制法：将黑木耳用温水泡发，去蒂，除去杂质，撕成小块，放入锅内。将粳米、红枣均洗净，放入装有木耳的锅内。加清水适量，大火烧开后改小火熬煮。等粥成时，加入冰糖调味即可。

用法：佐餐服用。

功效：滋阴润肺。

杏仁猪肺

原料：猪肺500克，南杏仁20克，调味品适量。

制法：将猪肺清洗干净，切片，用手挤去猪肺气管中的泡沫；然后与南杏仁同入瓦煲内加水煲煮熟烂，加调味品即可。

用法：佐餐食用。

功效：清热润肺。一般适用于因秋冬气候干燥引起的燥热咳嗽等。

川贝

川贝炖豆腐

原料：川贝15克，豆腐2块，冰糖适量。

制法：川贝打碎或研粗末，与冰糖一起放在豆腐之上，放入炖盅内，炖盅加盖，小火隔水炖1小时即可。

用法：饮汤，吃豆腐及川贝末。

功效：清热润肺，化痰止咳。适用于燥热咳嗽或肺虚久咳，症见痰少咽燥、咳吐不爽、经久不愈、大便干硬等。

沙参

羊乳润肺方

原料：沙参、天冬、川贝、三七、茯苓、玉竹、白及各10克，麦冬、百合、生地黄、熟地黄各12克，百部、阿胶、怀山药各9克，羊乳15克。

制法：将以上材料水煎取药汁。

用法：每日1剂，分2次服。

功效：适用于口干舌燥、干咳的女性。

银耳粥

原料：干银耳10克，粳米50克。

制法：银耳泡发洗净，撕碎与粳米同煮。

用法：佐餐食用。

功效：滋阴润肺。

银耳

冰糖川贝梨

原料：川贝3克，梨1个，冰糖适量。

制法：将川贝和冰糖塞入去核的梨中，固定好后，隔水蒸熟。

用法：每日吃2次，每次半个，连服2～3日。

功效：滋阴润肺。

枇杷

枇杷饮

原料：枇杷25克，莲藕5克，冰糖少许。

制法：莲藕洗净去皮，切片；枇杷洗净去皮、去核。再将莲藕与枇杷放入锅内一起熬煮，等熟时加入冰糖调味即可。

用法：每日服用1次。

功效：清热润肺，可以缓解久咳的症状。

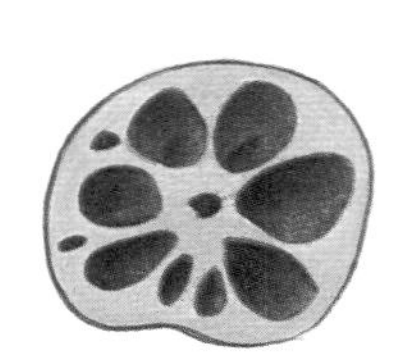

莲藕

紫苏粥

原料：紫苏叶15克，粳米500克。

制法：粳米加水煮成粥，粥将成时加入紫苏叶，用小火稍煮即可。

用法：每日服2次。

功效：开宣肺气，发表散寒，行气宽中。

白鲜皮汤

原料：白鲜皮6～9克。

制法：白鲜皮加水煎汤。

用法：每日1剂，早、晚各服1次。7剂为1个疗程，7剂后停服1日。

功效：清热解毒，祛风除湿，化痰止咳。适用于慢性支气管炎。

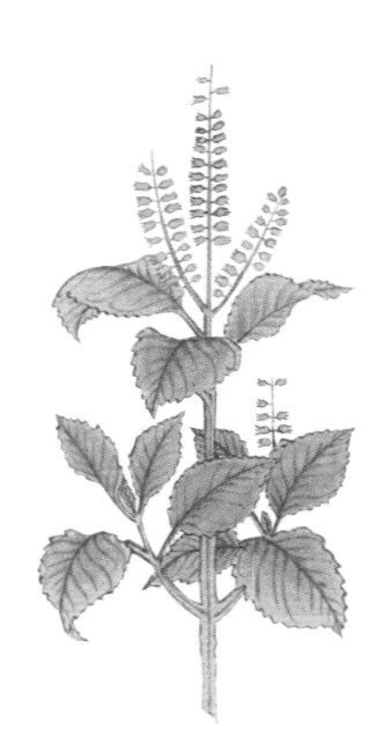

紫苏叶

沙参

麦冬知母蜜糖水

原料：麦冬、玉竹各15克，知母12克，沙参30克，蜂蜜适量。

制法：将原料中的前四味用水煎取汁液，放入蜂蜜调匀后服用。

用法：每日1剂。

功效：养阴润肺，改善口干咽燥、舌质红等。

桔梗丸

原料：桔梗（炒）、防己、白矾（枯）各30克，雄黄（研）15克。

制法：将以上原料共研为细末，以水和为丸。

用法：每次服9克，含化。

功效：开宣肺气，改善咳嗽痰多等症状。

百合生地人参汤

原料：百合、生地、人参、熟地黄、麦冬、百部、桔梗各9克，白芍、贝母各10克。

制法：将以上原料用水煎煮，取药汁。

用法：每日1剂，分2次服用。

功效：滋阴润肺。

百合

瓜蒌饼

原料：瓜蒌1个，白糖、面粉、水各适量。

制法：瓜蒌去子，研成末，加面粉、水和匀，做成小饼烙熟。

用法：佐白糖食用。

功效：清肺化痰。适用于痰热咳嗽。

菊花

桑叶桔梗汤

原料：桑叶15克，菊花12克，桔梗、甘草各9克，杏仁6克。

制法：将以上原料用水煎服。

用法：每日1剂。

功效：适用于风热咳嗽、痰多、咽喉肿痛。

沙参麦冬汤

原料：沙参、麦冬各9克，玉竹6克，生甘草3克，冬桑叶、生扁豆、天花粉各4.5克。

制法：将以上原料以水煎汁。

用法：每日1剂，分2次服完。

功效：改善肺胃津液不足。

沙参心肺汤

原料：沙参、玉竹各15克，猪心、猪肺各100克，葱段、盐各适量。

制法：将猪心、猪肺分别清洗干净，备用；沙参、玉竹用纱布包好，再与洗净的猪心、猪肺及葱段共同置于砂锅中，加水，先用大火煮沸，再改用小火炖约2小时，待心、肺熟透，稍加盐调味即可。

用法：佐餐用。

功效：滋阴润燥。适用于口干咽燥、大便干结、干咳少痰等。

煮冬菜

原料：干冬菜30克，香油少许。

制法：将冬菜洗净，放入锅内，加水煮沸，至熟烂时，滴上香油。

用法：佐餐食用。

功效：滋阴润肺，化痰理气。

生扁豆

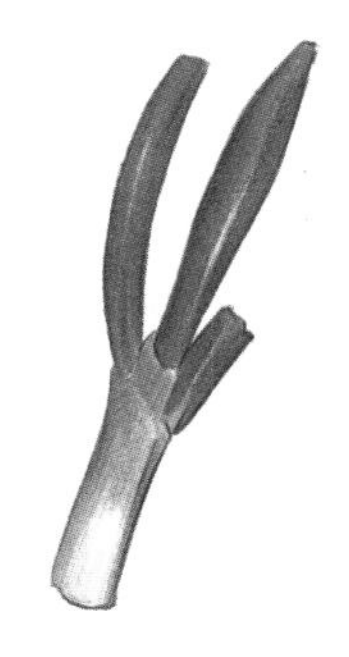

葱

小贴士

1.肺喜润恶燥，因此养肺还要多喝水。一个成年人每日水的生理需要量以2500毫升为宜。秋季可相应增加500毫升，以保持肺与呼吸道的正常湿润度。

2.运动也可以养肺，如每日慢跑30分钟有益于心肺的健康。因为慢跑可以改善并增强肺部活动的功能，增加肺部组织的弹性，增大肺活量，从而提高身体免疫力和抗病能力。

3.培养乐观情绪，可保养肺气。

健脾养胃

脾主运化。脾具有将水谷化为精微，将精微物质吸收并传输至全身的生理功能。脾主升清。水谷精微借脾气上升而上输于心、肺、头目，通过心肺的作用化生气血，以营养全身。脾主统血。脾能统摄血液，使之正常地在脉内循行而不逸出脉外；胃主受纳、腐熟水谷。胃主受纳是指胃有接受和容纳食物的生理功能。腐熟，是指水谷经胃初步消化后变成食糜的过程。胃主通降。在胃气的作用下胃不断地向下排送食糜以及使整个消化道保持气机下行而通畅。

脾和胃是一个各司其职的整体系统，人从外界获得食物后，进入胃中，胃进行消化，而脾负责把这些精华输送到全身各处，这样身体才会获得足够的营养，使女性面色红润，身体健康。

参枣汤

原料：人参6克，红枣10颗。

制法：人参和红枣用水煎汤。

用法：饮汤，每日3次。

功效：益气健脾，养血安神。适用于脾虚血亏所致的神疲乏力、食欲不振、面色苍白、失眠多梦等。

人参

石斛绿茶饮

原料：鲜石斛10～13克，绿茶4克。

制法：将鲜石斛洗净，切成节，与绿茶一同入锅中加水煎取茶汁。

用法：代茶饮用。

功效：健脾养胃，消食化积。

太子参茶

原料：太子参10克。

制法：太子参用开水浸泡半小时。

用法：代茶饮。

功效：益气养阴，健脾益肺。适用于病后体虚、脾胃虚弱、乏力自汗等。

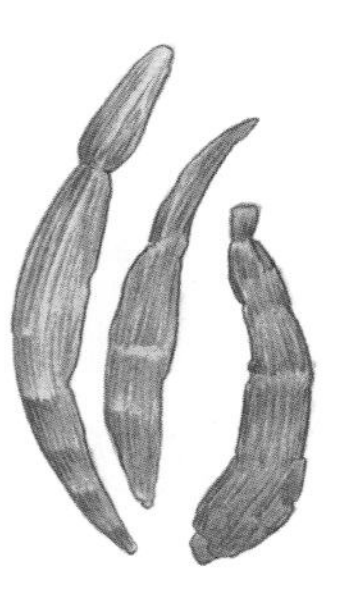

太子参

茯苓粥

原料：茯苓30克，粳米60克，红糖适量。

制法：将茯苓研末；粳米淘净，放入锅内加清水煮粥，待粥煮至浓稠时，再放入茯苓末拌匀，稍煮片刻，以红糖调味，温热空腹食用。

用法：每日早、晚各服1次。

功效：健脾益胃，利水渗湿，宁心安神。适用于食欲不振、腹胀便溏、小便不利等。

茯苓

五味子粥

原料：五味子10克，粳米100克，白糖少许。

制法：将五味子水煎取汁，同粳米煮粥，待熟时调入白糖，再煮1～2沸即成。

用法：每日2次，早、晚各服1次。

功效：补脾益气。适用于脾肺亏虚、肢软乏力、纳差食少、视物模糊等。

五味子

猪心莲子煲

原料：猪心500克，莲子肉30克，盐、酱油、味精各适量。

制法：猪心洗净，与莲子肉同入煲内煲熟，加盐、酱油、味精等调味即成。

用法：佐餐用。

功效：健脾益智，补血养心。适用于心神不宁、惊悸怔忡、健忘等。

白术粥

原料：白术10克，粳米100克，白糖少许。

制法：将白术水煎取汁，加粳米煮粥，待熟时调入白糖，再煮1～2沸即成。

用法：每日服1剂。

功效：健脾益气，固表止汗。适用于脾胃亏虚、运化失常所致的脘腹胀满、纳差食少、倦怠乏力等。

白术

葱

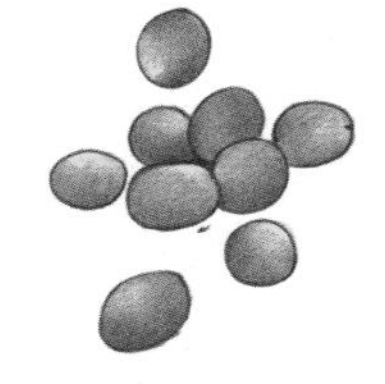

黄豆

牛肉炒圆白菜

原料：圆白菜250克，牛肉200克，盐、葱末、姜丝、料酒、白糖、酱油、黄粉各适量。

制法：圆白菜洗净切丝，加少许盐轻揉数下，挤出汁水；牛肉洗净，切细丝，用葱末、姜丝、酱油、黄粉等加水搅拌后，下油锅急火煸炒，加料酒、白糖，翻炒后出锅；将圆白菜丝下油锅急炒片刻，加炒好的牛肉丝，加调料熘匀，略炒即可。

用法：佐餐食用。

功效：补脾健胃，解毒抗癌。

黄豆香菜汤

原料：黄豆10克，香菜30克。

制法：将黄豆浸泡，洗净，加水煎煮15分钟后，加入香菜，煎15分钟即成。

用法：佐餐食用。

功效：辛温解表，健脾益胃。

小贴士

1.健脾养胃的食物有很多，如莲子、甘薯、粳米、香菇、蜂蜜、栗子、兔肉、猪肚等。

2.黄色食物最能补脾。五行中黄色为土，因此，摄入黄色食物后，其营养物质主要集中在中医所说的中土（脾胃）区域。常见的黄色食物有南瓜、黄豆、土豆、山药、玉米等。

3.脾胃最怕生冷饮食，水果中西瓜、香蕉性寒，伤脾最重，食后易腹胀，不思饮食，重则便稀甚或腹泻。

4.饮食应有规律，三餐定时、定量，不暴饮暴食；素食为主，荤素搭配。要常吃蔬菜和水果，以满足机体需求和保持大便通畅。

5.少吃有刺激性和难以消化的食物，如酸辣、油炸、烧烤、干硬和黏性大的食物。

6.长夏气候比较潮湿，容易发生脾胃病，可多吃一些豆类食物，有健脾利湿的作用，如绿豆、白扁豆、四季豆、赤小豆、荷兰豆、青豆、黑豆等。

养肝护肝

肝主疏泄。疏，即疏通；泄，即发泄、升发。肝主疏泄，就是指肝脏疏通、宣泄、条达升发的生理功能。肝藏血。人体的血液由脾胃消化吸收来的水谷精微所化生。血液生成后，一部分运行于全身，被各脏腑组织器官所利用，另一部分则流入到肝脏而贮藏之，以备应急的情况下使用。

中医认为，目为肝所主，肝开窍于目，肝藏血，目得血而能视。可见，肝与眼睛关系密切，我们可以通过养肝来明目。女性只有拥有一双明亮的眼睛，才能顾盼生辉。

何首乌煨鸡

原料：何首乌30克，母鸡1只，盐、生姜、料酒各适量。

制法：将何首乌研成细末，用纱布包好备用；将母鸡宰杀后，去毛和内脏，洗净，将首乌药袋放入鸡腹内，放砂锅内，加水适量，煨熟，从鸡腹内取出首乌药袋，加盐、生姜、料酒即可。

用法：佐餐食用。

功效：补肝养血，滋肾益精。用于改善肝肾不足、头昏眼花等。

何首乌

芹菜益母鸡蛋方

原料：芹菜250克，益母草30克，佛手片6克，鸡蛋1个，盐、味精各少许。

制法：将以上前四味分别洗净，加水煎汤，加盐、味精调味。

用法：月经前日服1剂，连服4～5剂。

功效：疏肝，行气，解郁。

绿茶柑橘方

原料：蜜橘1个，绿茶10克。

制法：蜜橘挖孔，塞入茶叶，晒干后食用。

用法：每次1个。

功效：理气解郁。

蜜 橘

荔枝

二核炖瘦肉

原料：橘核6克，荔枝核10克，猪瘦肉150克，料酒、姜片、盐、味精、香油各适量。

制法：将橘核、荔枝核洗净，晾干后敲碎，放入纱布袋中，扎紧；猪瘦肉洗净后汆烫，取出，晾凉后切小方块，与姜片与橘核、荔枝核药袋放入砂锅中，加适量水，用大火煮沸，加入料酒，用小火煨煮1小时，待猪肉熟烂出香味，取出药袋，绞尽药汁，加盐、味精调味，再煮至沸，淋入香油即成。

用法：佐餐食用。

功效：理气，解郁，散结。

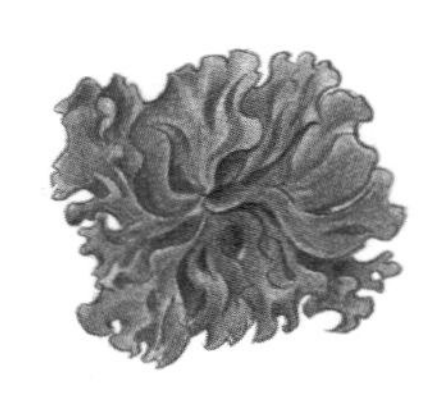

银耳

银耳杜仲羹

原料：银耳、炙杜仲各20克，灵芝10克，冰糖150克。

制法：冰糖加适量水浸泡至溶解；银耳用温水泡发，除去蒂头，洗净，撕开，加适量水煮沸10分钟；将杜仲与洗净切碎的灵芝加适量水，煎煮3次，滤取煎煮液浓缩至300毫升。将银耳与杜仲、灵芝浓缩液一并用小火熬至银耳酥烂成胶状，再加入冰糖水，继续煮沸，出锅。

用法：分顿食用。

功效：补肝肾，滋阴血，改善头晕耳鸣。

黄芪

党参煲鸡心

原料：党参、黄芪各15克，鸡心300克，胡萝卜100克，素油30毫升，鸡汤300毫升，盐、陈皮、料酒各适量。

制法：把陈皮、党参、黄芪洗净，陈皮切成3厘米的片；党参、黄芪分别切片；胡萝卜去皮，洗净，切成4厘米见方的块；鸡心洗净，切成两半，放入沸水锅内汆烫一下，捞出，沥干水分。把炒锅置中火上烧热，加入素油，烧至六成热时，加入鸡心、胡萝卜块、料酒、盐、党参片、陈皮片、黄芪片、鸡汤，用大火烧沸，再用小火煲至浓稠。

用法：每日1次，适量食用。

功效：疏肝解郁。

枸杞养肝酒

原料：枸杞子150克，枸杞叶、枸杞茎根各50克，蜂蜜240毫升，柠檬4片，米酒1500毫升。

制法：先将前三味洗净晾干，枸杞叶与茎根剪成小段，与枸杞子、柠檬片铺于瓶内，再注入米酒、蜂蜜，加盖密封。

用法：30日后可捞去枸杞茎叶，留枸杞子一同饮用。

功效：养肝益肾，滋阴活血。

枸杞

杞子蜜粥

原料：枸杞子15克，粳米100克，蜂蜜适量。

制法：枸杞子择净，入锅，浸泡10分钟后，加粳米煮为稀粥，待熟时调入蜂蜜，再煮1～2沸即成。

用法：每日1剂。

功效：补肾益精，滋肝明目。

磁石粥

原料：磁石10克，粳米100克，白糖适量。

制法：磁石水煎取汁，加粳米煮粥，待熟时调入白糖，再煮1～2沸即成。或将磁石2克研为细末，调入粥中服食。

用法：每日1剂。

功效：明目聪耳。适用于肝肾阴虚所致的耳聋、耳鸣、头昏目赤等。

磁石

首乌蜜粥

原料：何首乌30克，粳米100克，蜂蜜适量。

制法：何首乌水煎取汁，加粳米同煮为粥，待熟时调入蜂蜜，再煮1～2沸即成。

用法：每日1剂。

功效：益气养血，滋补肝肾。适用于肝肾亏虚、须发早白、头目眩晕、耳聋耳鸣、腰膝酸软、带下崩漏、大便秘结等。

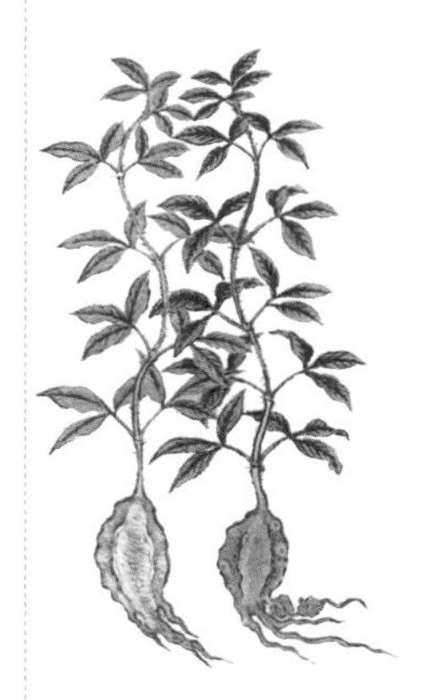

何首乌

决明子

决明子粥

原料：决明子15克，粳米60克，冰糖适量。

制法：将决明子水煎去渣，取汁入粳米煮粥，待粥将熟时，加入冰糖，再煮1～2沸即可食用。

用法：佐餐食用。

功效：清肝明目，通便。适用于习惯性便秘等。

注意事项：大便溏泄者忌食。

菊花猪肝汤

原料：鲜菊花12朵，猪肝、油、盐、料酒各适量。

制法：猪肝洗净，切片，用油和料酒腌渍10分钟；鲜菊花取花瓣，放入清水锅内稍煮片刻，再放入腌渍好的猪肝片，煮约20分钟后，加盐调味即可。

用法：每日早、晚2次服。

功效：滋养肝血，养颜明目。

野菊花

菊花粥

原料：菊花15克，粳米100克。

制法：菊花洗净，与淘净的粳米同放入锅中，加适量清水，加盖，用大火煮沸，再改用小火熬至成粥即可。

用法：每日1剂。

功效：散风热，清肝火，降血压。适用于头晕、头痛、目赤、原发性高血压等。

菊 花

枸杞子羊脑煲

原料： 枸杞子30克，羊脑1副，姜2片，葱段、盐、料酒各适量。

制法：枸杞子、羊脑一起放入锅内，加入姜片、葱段、盐、料酒和适量清水，烧开后用小火炖熟。

用法：食肉饮汤。

功效：养肝明目，补脑安神。适用于血虚头痛、眩晕等。

菊花蜜饮

原料：菊花50克，蜂蜜适量。

制法：菊花加水20毫升，稍煮后保温30分钟，过滤后加入蜂蜜，搅匀。

用法：随量饮用。

功效：养肝明目，生津止渴，清心健脑。

桑葚粥

原料：新鲜桑葚、糯米各60克，冰糖适量。

制法：将新鲜桑葚洗净后与糯米同煮，待煮熟后加入冰糖。

用法：佐餐用。

功效：补肝养血，明目益智。适用于肝亏肾虚引起的头晕眼花、失眠多梦、耳鸣腰酸、须发早白等。

天麻糯米粥

原料：天麻3克，糯米100克，白糖适量。

制法：将天麻用水泡发，择净，切细；糯米淘净，放入锅内，加适量清水煮粥，待熟时加入天麻、白糖，煮1～2沸即成。

用法：每日1剂。

功效：息风止痉，平肝潜阳，祛风通络。

桑葚

天麻

小贴士

1.鸡肝、猪肝、羊肝等是养肝的食补佳品，能起到补肝养肝的作用，食用时最好配以蔬菜，如春笋、菠菜、芹菜等。

2.肝火较旺者饮食宜清淡，多食富含蛋白质和维生素的食物。同时，要少吃或不吃辛辣、刺激性的食物。

3.中医认为，肝主疏泄。当肝气郁结时，人就容易感觉郁闷，抑郁症就会接踵而至，所以平时要保持快乐的心情。

4.《黄帝内经》提到“肝为罢极之本”，就是说肝是主管疲劳的，或者说是耐受疲劳的。因此，养肝就要避免过度劳累，保证休息，做到劳逸结合。

补肾强身

肾为先天之本，生命之根，因为肾藏先天之精，为脏腑阴阳之本、生命之源。

肾藏精，所藏的精气有先天之精和后天之精之分。

肾主水液，主要是指肾具有主持和调节人体水液代谢的生理功能。人体水液代谢的调节，虽然与肺、脾、肝、肾等多个脏腑有关，但起主导作用的是肾，肾对水液代谢的调节作用，贯穿于水液代谢过程的始终。

肾主纳气，是指肾具有摄纳肺所吸入之清气而调节呼吸的功能，其可防止呼吸弱浅，保证体内外气体的正常交换。肾属水藏精，乃人生身之本。肾有了问题，身体就会有问题。因此，养生必先养好肾。

苁蓉羊肉粥

肉苁蓉

原料：肉苁蓉50克，碎羊肉200克，粳米100克，生姜3片，香油、盐各适量。

制法：取肉苁蓉切片，先放入锅内煮1小时，去药渣，放入碎羊肉、粳米、生姜一同煮粥，加入香油、盐调味。

用法：早、晚餐食用。

功效：补肾壮阳，提高性欲。

海马当归牛尾汤

海马

原料：海马30克，当归头15克，红枣10颗，生姜4片，牛尾1根（100克），盐适量。

制法：取牛尾去皮，斩成块，放入沸水中煮10分钟，捞起，洗净；海马和当归头洗净，当归头切片；红枣洗净，去核。瓦煲内加清水，用大火煲至水沸，放入除盐外的原料，待水再沸起，改用中火煲4小时，加盐调味即可。

用法：佐餐食用。

功效：补肾壮阳，补血养肝，祛风散寒。

肉苁蓉酒

原料：肉苁蓉、菟丝子、蛇床子、五味子、远志、续断、杜仲各12克，白酒500毫升。

制法：将以上前七味材料捣碎，装入纱布袋内，扎紧袋口，置于广口瓶中，倒入白酒，浸泡1周左右即可。

用法：早晚各服用1杯。

功效：补虚健肾。

菟丝子

桑芝丸

原料：桑叶（经霜）、蜂蜜、黑芝麻各等份。

制法：桑叶、黑芝麻晒干或烘干，研为细末，炼蜜为丸。

用法：每日服10～15克，长期服用。

功效：补肾养肝。适用于肝肾虚损、精血不足、眩晕耳鸣、或眼干目昏、须发早白或秃发、肠燥便秘等。

杜 仲

鹿茸粳米粥

原料：鹿茸3克，粳米100克，姜片适量。

制法：将鹿茸研成细末，粳米淘净；将粳米按常法煮成粥后，再加鹿茸末和姜片，以小火煎熬30分钟即可。

用法：最好在冬季早、晚空腹食用，3日为1个疗程。

功效：温肾壮阳，填精补血。适用于肾阳虚衰、腰脊酸痛、下肢发凉、软弱无力、不孕、崩漏等。

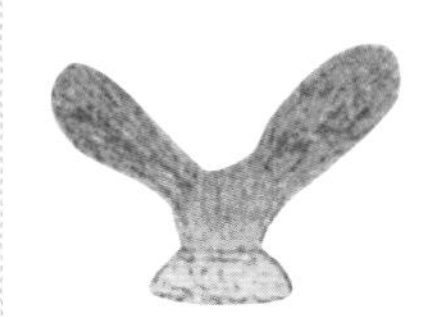

鹿 茸

枸杞叶羊肾粥

原料：枸杞叶250克，羊肉100克，羊肾1只，葱白2个，粳米150克，盐适量。

制法：将羊肉洗净切块；羊肾剖开去筋膜，洗净切块；葱白洗净切碎；粳米淘洗干净。枸杞叶入锅中加适量水煎煮去渣，再入羊肾、羊肉、葱白、粳米煮为稀粥，加盐调食。

用法：每日1剂，分2次服。

功效：补肾养血。

粳 米

小茴香虾肉丸

原料：小茴香30克，生虾肉90～120克，黄酒适量。

制法：小茴香炒后研末，和生虾肉捣和为丸，黄酒送服。

用法：每日2次，每次服用3～6克。

功效：补肾强身。

生地黄

牛髓生地膏

原料：黑牛髓、生地黄汁、白沙蜜各250克，黄酒适量。

制法：将前三味和匀煎熬成膏。

用法：晨起空腹食1匙，用温黄酒调之。

功效：适用于肾气不足引起的腰膝无力。

红枣桂圆莲子汤

原料：红枣、桂圆各7颗，莲子14颗。

制法：将红枣、桂圆、莲子放入少许水中煮沸，晾凉。

用法：每日1剂，佐餐食用。

功效：改善肾虚。

红 枣

骨碎补粥

原料：骨碎补20克，粳米100克，白糖适量。

制法：将骨碎补煎煮，取汁去渣，再将粳米放入砂锅内煮粥，待粥将熟时，加入白糖稍煮即可。

用法：佐餐用。

功效：补益肝肾，强健筋骨。适用于冬季肝肾不足所致的耳鸣、耳聋等。

黑芝麻丸

黑芝麻

原料：黑芝麻500克，蜂蜜适量。

制法：黑芝麻淘洗净，蒸熟晒干，以水淘去浮沫再蒸。如此几次，以开水烫脱去皮，簸净，炒香为末，炼蜜为丸，丸重10克。

用法：每日服用2次，每次2丸。

功效：补肝肾，益精血，润脏腑。

杜仲五味子茶

原料：杜仲20克，五味子9克。

制法：将以上原料研为粗末，纳入热水瓶中，冲入适量沸水浸泡，盖闷15～20分钟。

用法：频频饮用，一日内饮完。

功效：补肝益肾，强健筋骨。

注意事项：因湿热蕴结下焦所致之腰痛患者不宜饮用。

五味子

狗肉甘薯汤

原料：狗肉500克，甘薯250克。

制法：将甘薯洗净切块，与狗肉同煮2～3小时，调味后即可食用。

用法：佐餐食用。

功效：温补肾阳。适用于肾阳虚、夜尿多等。

公鸡

公鸡糯米酒

原料：公鸡1只，糯米酒500毫升，油、盐各适量。

制法：将公鸡去毛、去内脏，洗净剁块，加油及少量盐炒熟，盛入大碗内加糯米酒，隔水蒸熟。

用法：随意食用。

功效：补肾壮阳。

杜仲烧猪腰

原料：杜仲15克，猪腰（猪肾）4个。

制法：将杜仲切成片，用竹片将猪腰串成钱包形，然后把杜仲片装入猪腰内，外用湿草纸将猪腰包裹数层。将包好的猪腰，放入柴炭火中慢烤，烤至猪腰熟后取出，除去外包草纸即可。

用法：佐餐食用。

功效： 壮腰补肾。适用于肾虚腰痛及肾炎、肾盂肾炎患者。

杜仲

小米

海马小米粥

原料：海马粉3克，小米、红糖各适量。

制法：取小米如常法煮粥，粥成加红糖。

用法：用粥送服海马粉。

功效：补肾益精，调经催产。适用于冬季肾精亏虚而致孕妇胎产不下、血崩等。

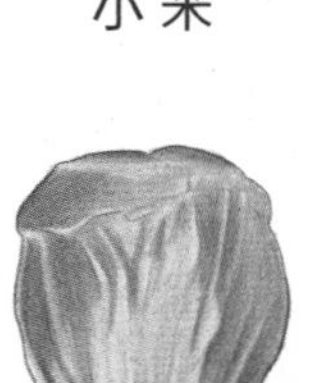

制附片

附片炖猪腰

原料：制附片6克，猪腰（猪肾）2个，盐适量。

制法：猪腰洗净切开，去掉白膜，切碎，与制附片共炖，加盐调味。

用法：饮汤食腰。每日1次，连用10日。

功效：补肾壮阳。

小贴士

1.一般来说，养肾多在冬天。在饮食上可以多吃一些温肾、补肾的食物。肾阳虚的人可选择羊肉、鹿茸、肉苁蓉、肉桂、益智仁等温肾壮阳之物；肾阴虚的人，可选用海参、地黄、枸杞子、甲鱼、银耳等滋补肾精之品。

2.多吃黑色食物。黑色入肾，即乌鸡、甲鱼、黑芝麻、黑米、黑枣、黑豆、黑木耳、海带、豆豉、乌贼鱼、黑海参等黑色食物能养肾，具有健体强身之功效。

3.选择一些适合自己的运动，如跑步、太极拳等锻炼方法。不但能够增强肾气功能，还会因“肾主纳气”，而帮助肺呼吸，以预防多种慢性呼吸系统疾病。

4.中医认为，精气是构成人体的基本物质，精的充坚与否，亦是决定人们延年益寿的关键。精气流失过多，会有碍“天命”。冬属水，其气寒，主藏。因此，冬天宜养精气为先，性生活要有节制，以益长寿。

5.冬天养肾还要做到早睡、晚起，起床的时间以太阳出来后为益，尤其是更年期女性更应如此。其次，还要注重双脚的保暖，因为脚离心脏最远，血液供应少且慢，因此脚的皮肤温度最低。

温宫祛寒

子宫和卵巢对女性来说都是非常重要的器官，卵巢掌控着女性雌激素的分泌、女性的容貌和体形的变化，女性若想保持年轻的容貌，让自己的身体永葆年轻，卵巢保养是重中之重。子宫健康是保证女性生育能力的重要条件，也是女性身体健康的重要保证。因此，女性想要自己的身体永葆青春，就要保养呵护卵巢和子宫。在日常调养方面，女性可选用具有温宫祛寒作用的偏方。

艾叶鸡蛋

原料：鸡蛋2个，生姜15克，艾叶、当归各10克。

制法：将艾叶、当归、生姜、鸡蛋（带壳）放入适量水中煎煮；鸡蛋煮熟后去壳取蛋，放入再煮。

用法：煮好后饮汁吃蛋。

功效：散寒止痛，温经止血，温暖子宫。

艾叶

生姜红糖饮

原料：生姜、红糖各适量。

制法：生姜洗净、去皮，切碎，拌上红糖，放在碗中，包上保鲜膜，隔水蒸熟。

用法：放凉后，每日1勺，温水吞服。

功效：改善宫寒，保养卵巢。

枸杞子红枣汤

原料：枸杞子30克，红枣10颗，鸡蛋2个，盐适量。

制法：枸杞子洗净沥干；红枣洗干净，去核，将二者一同放入砂锅中，加适量清水烧沸，再加入鸡蛋煮熟，最后用盐调味即可。

用法：分2次食用。

功效：改善体质，延缓衰老，补气养血，保养卵巢。

枸杞子

吴茱萸

温经汤

原料：吴茱萸、麦冬（去心）各9克，当归、川芎、芍药、人参、桂枝、阿胶、生姜、牡丹皮（去心）、甘草、半夏各6克。

制法：将以上原料加水煎煮，取药汁。

用法：每日1剂，分3次服用。

功效：温宫祛寒。

大叶茜草方

原料：大叶茜草15克，胡椒2克，鸡蛋1个（取蛋液），糯米面适量。

制法：将大叶茜草、胡椒共研末，加糯米面、鸡蛋液共蒸服。

用法：每日1剂。

功效：温中散寒。

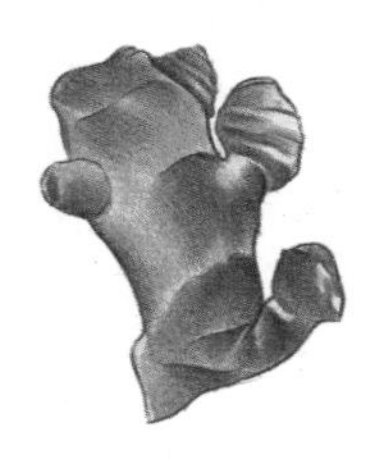

生姜

川芎当归鸡

原料：当归20克，川芎、炮姜、生蒲黄各5克，炒小茴香、没药、肉桂、赤芍、山茱萸、乌药各10克，延胡索、五灵脂各15克，母鸡1只，葱、盐、料酒、生姜、胡椒粉各适量。

制法：将鸡宰杀后，去毛及内脏；药物装入纱布袋内；生姜拍松；葱切段。将鸡、药包、葱段、生姜、料酒、盐同放入炖锅内，加水2500毫升，置大火上烧沸，再用小火炖煮1小时即成。食用时放入胡椒粉拌匀。

用法：每日1次，佐餐食用。

功效：补气养血，温宫祛寒。

丹参

丹参黄豆汤

原料：黄豆50克，丹参10克，蜂蜜适量。

制法：黄豆洗净，用凉水浸泡1小时，备用；将丹参洗净，和捞出的黄豆一起放入砂锅中，加适量水煲汤，至黄豆熟烂，拣出丹参，加蜂蜜调味即可食用。

功效：温宫祛寒，抗衰防老。

润肠通便

宿便可以说是人体肠道内一切毒素的根源。肠道内的宿便会产生大量的毒素，这些毒素被人体吸收后，会降低人体的免疫力，诱发各种疾病，严重危害人体健康！

宿便中的毒素被肠道反复吸收，通过血液循环到达身体的各个部位，常引起肛肠疾患，使人易患结肠癌，还会诱发心脑血管疾病。对于女性朋友来说危害更大，通常宿便会导致女性面色晦黯无光、皮肤粗糙、毛孔扩张、痤疮、腹胀腹痛、口臭、痛经、月经不调、肥胖、心情烦躁等。

宿便主要由饮食过于精细、摄取膳食纤维不足所致，因此通过一些药膳偏方可以得到缓解。

柏子仁粥

原料：柏子仁15克，蜂蜜适量，粳米100克。

制法：柏子仁去皮、去壳，捣烂后与粳米一同煮粥，熟后调入蜂蜜。

用法：每日早、晚食用。

功效：润肠通便，养心安神。

柏子仁

郁李仁粥

原料：郁李仁15克，粳米100克。

制法：将郁李仁捣烂，煎水去渣，加入粳米一同煮粥。

用法：每日早、晚各服1次。

功效：润燥滑肠。适用于大便秘结者食用。

芝麻木耳糊

原料：黑芝麻10克，黑木耳5克，白糖少许。

制法：黑芝麻炒香，与黑木耳共置锅内，加适量水煎熬成糊，再加白糖调味即可。

用法：每日早、晚食用。

功效：祛痰，润肺，降脂，通便。

郁李仁

核桃蜜粥

原料：核桃仁30克，粳米100克，蜂蜜少许。

制法：核桃破壳取仁。粳米淘净，与核桃仁一同放入锅中，加适量清水煮粥，待熟时调入蜂蜜，再煮1~2沸即成。

用法：每日1剂。

功效：补肾强腰，温肺定喘，润肠通便。

核桃仁

芝麻粥

原料：芝麻、蜂蜜各50克，粳米100克。

制法：将粳米与芝麻分别用清水淘洗干净，沥干，放入锅内，加适量清水，大火烧开后转小火熬煮成粥，调入蜂蜜拌匀即可。

用法：每日1剂。

功效：补益肝肾，养血和血，润肠通便，延年益寿。

蜂 蜜

甜杏仁糊

原料：甜杏仁15克，粳米、白糖各30克。

制法：将杏仁去皮，同粳米、白糖入锅内，加少许水，研磨成糊状，煮熟。

用法：每日早、晚各服1次，便通即停服。

功效：补气养血，润肠通便。适用于老年性便秘和女性产后便秘等。

黑芝麻

黑木耳芝麻茶

原料：黑木耳60克，黑芝麻15克，白糖少许。

制法：炒锅置火上烧热，将一半黑木耳下入锅中，翻炒至黑木耳的颜色略焦时，起锅待用。黑芝麻入锅炒至略出香味，然后加清水约1500毫升，同时下入生、熟黑木耳，用中火烧沸30分钟，起锅，用细纱布过滤，取汁，加白糖调匀。

用法：每次饮用100~120毫升。

功效：凉血止血，润肠通便。适用于血热、便血等。老年人常食可强身益寿。

白 糖

麻仁苏子粥

原料：火麻仁、紫苏子各15克，粳米适量。

制法：前二味加水研磨取汁，和粳米一起煮粥。

用法：分2次服用。

功效：润肠通便。适用于年老体弱、津亏便秘。

火麻仁

百合冬瓜鸡蛋汤

原料：百合20克，鸡蛋1个（取蛋清），冬瓜100克，盐适量。

制法：冬瓜去皮、切片，与百合一起下锅，加水适量，小火炖10分钟，下入鸡蛋清，加盐调味即可。

功效：清热通便。

百合

何首乌鸡蛋

原料：何首乌100克，鸡蛋2个。

制法：将何首乌、鸡蛋加水同煮，至鸡蛋煮熟后去壳继续煮，待煮到剩下适量水时，滤去何首乌。

用法：吃鸡蛋饮汤，每日1剂，坚持15日以上，即可见效。

功效：改善便秘。

何首乌

土豆蜂蜜饮

原料：土豆1个，蜂蜜少许。

制法：土豆洗净，擦丝，用干净的纱布包好，挤汁，加凉开水及蜂蜜，兑成半杯左右。

用法：清晨空腹饮用。

功效：改善习惯性便秘。

银耳羹

原料：银耳3克，白糖或冰糖适量。

制法：银耳用清水浸泡12小时，捞出放碗中，加白糖或冰糖适量，隔水蒸1小时。

用法：早晨空腹食。

功效：润肠通便。

银耳

冬葵子饮

冬葵子

原料：冬葵子、牛膝、石韦、泽兰、当归尾各12克，桃仁9克，大黄5克，金钱草20克，重楼10克，白糖30克。

制法：将以上原料除白糖外放入炖锅内，加水适量，大火烧沸，再用小火煎煮25分钟，停火，过滤去渣，留汁液，在汁液内放入白糖，搅匀即成。

用法：每日3次，每次饮150毫升。

功效：行瘀散结，通便利尿。

桑葚膏

原料：鲜桑葚2000克，白糖500克。

制法：鲜桑葚榨汁备用；将白糖放入锅内，加水少许，小火煎熬，待糖溶化后加入桑葚汁，一同熬成桑葚膏。

用法：每日2次，每次15克，开水化服，连服7日。

功效：润肠通便。适宜肠燥便秘者服食，也适宜慢性血虚便秘者服食。

生大黄饮

大 黄

原料：七叶一枝花30克，生大黄8克，蜂蜜20克。

制法：先将七叶一枝花洗净，入锅加适量水，煎煮25分钟，再加入生大黄煎煮3分钟，去渣取汁，待药汁温后调入蜂蜜，搅匀即成。

用法：每日1剂，分上、下午2次服用。

功效：清热泻火，解毒通便。

决明子茶

决明子

原料：决明子100克。

制法：将决明子用微火炒一下。每日取5克放入杯内用开水冲泡（可加适量白糖），泡开后饮用。

用法：喝完后可再续冲2～3杯，连服7～10日（1个疗程）即可。

功效：坚持1个疗程即可有效缓解便秘，还可以降压明目。

排毒养颜

当感觉经常有痤疮、便秘、头痛现象时，就要小心了，这些都是体内毒素积聚的信号。当我们的健康面临威胁，排毒就成了每日必不可少的功课。

身体有了毒素，容颜就会变老。一个身体无毒的人，皮肤自然会保持鲜亮、饱满、光洁、细腻的状态；而体内毒素过多的人，皮肤则会黯淡无光或生痤疮、黑斑。毒素积存体内还可引起多种病症。

只有及时排除体内的有害物质及过剩营养，保持体内清洁，才能保持身体的健康和肌肤的美丽。由此，我们可以选择合适的偏方来为身体做调理。

苦瓜粥

原料：苦瓜、粳米各100克，冰糖20克，盐2克。

制法：将苦瓜去瓤，切小丁，与粳米一同入锅，加清水，用大火烧开，放入冰糖、盐，改小火熬煮成稀粥。

用法：佐餐食用。

功效：排毒养颜，清心明目。

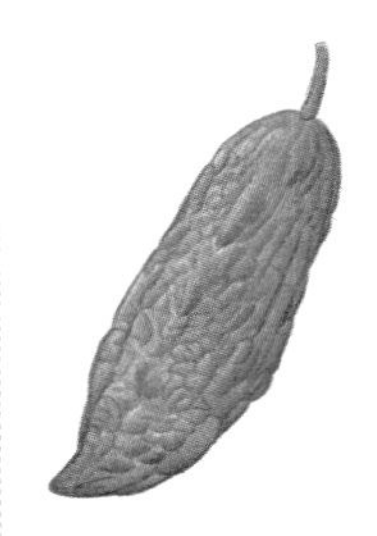

苦瓜

豆腐粥

原料：豆腐150克（切细丁），粳米100克，调味品适量。

制法：粳米淘净，放入锅中，加清水浸泡5～10分钟后，小火煮粥，粥将熟时，加入豆腐丁、调味品等，煮至粥熟即成。

用法：每日1剂。

功效：清热解毒。

豆腐

木兰皮方

原料：木兰皮500克。

制法：用3年的老陈醋浸泡木兰皮约100日，然后晒干，用时研细末。

用法：温酒送服，每次3克，每日3次。

功效：清热解毒，可改善皮肤黯黑等问题。

樱 桃

樱桃饮

原料：樱桃500克，白糖250克。

制法：将樱桃捣碎绞取汁液，加热至沸，以白糖调味。

用法：佐餐用。

功效：排毒养颜。

菊花茯苓散

原料：白菊花、茯苓各500克。

制法：农历九月初九采集白菊花，再加入茯苓，二药共研细末，筛过则成为散。

用法：每次服6克，每日3次，温酒调服。

功效：排毒养颜。

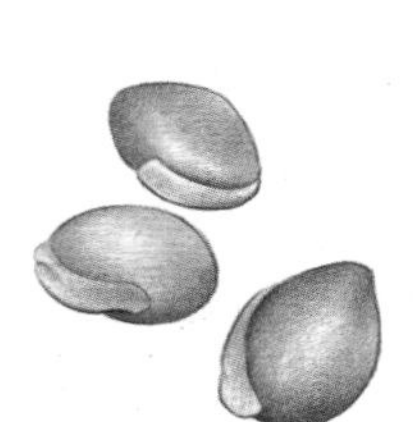

白扁豆

白扁豆衣汤

原料：白扁豆衣60克。

制法：白扁豆衣加水煎汤。

用法：每日服1剂。

功效：排毒养颜。

鸡 蛋

红枣鸡蛋汤

原料：鸡蛋2个，红枣60克，红糖适量。

制法：红枣入锅，加水600毫升，用小火煮沸1小时。打入鸡蛋，不用搅拌，片刻加红糖即可。

用法：饮汤吃鸡蛋、红枣。

功效：适用于气血虚之面色无华、皮肤粗糙、形体消瘦等。

小白菜

白菜薏米粥

原料：小白菜500克，薏米60克。

制法：将薏米煮成稀粥，加入洗净的小白菜，煮2～3沸即可食用。感觉味淡的可稍加点盐调味。

功效：健脾利湿，排毒养颜。

第二章

从头到脚的完美呵护，助您成为『俏佳人』

女人的美从头到脚都要细心呵护，气血充盈才能颜美发亮，五脏调和才能耳聪目明……总之，只有选对了食物和药材，掌握了偏方的制法和用法，内调兼外养，才能让每位女性都从头美到脚。

乌发养发

自古以来，女性就不惜在美发上下工夫，人们很早就发现美发不仅是增添自身魅力的一种造型艺术，而且也是一种灵活多变的美容手段。有人说，头发是人的第二张脸。乌亮的头发，不仅可以成为天然的装饰品，而且也是一个人仪表美和身体健康的重要标志。

中医认为，发为血之余，肾之华在发，故头发的荣枯脱落与气血有很大关系。气血充沛，肾精充足，则头发光亮生辉，黑如墨染；反之，则脱落发白，焦枯不荣。想要养出一头漂亮的头发，可以选择一些老偏方来调理。

康壮酒

原料：枸杞子、甘菊花、熟地黄、炒陈曲各45克，肉苁蓉36克，白酒1500毫升。

制法：将前五味捣碎为粗末，入布袋，置容器中，加入白酒，密封浸泡7天后，去渣，加入白开水1000毫升，混匀。

用法：空腹温饮。

功效：适用于须发早白。

枸杞子

黑芝麻茶

原料：黑芝麻6克，茶叶3克。

制法：将黑芝麻炒黄，再与茶叶一同用沸水冲泡。

用法：每日1～2剂，代茶饮。

功效：改善毛发枯黄或早白状况。

茶树精油护发水

原料：茶树精油5滴，米醋2大匙，蒸馏水100毫升。

制法：将茶树精油、米醋、蒸馏水一同放入容器中充分搅拌均匀。

用法：分几次涂在发根位置，按摩头皮，约5分钟后用温水冲洗，然后像平时一样洗发、护发即可。

功效：控油去屑，增强头皮抵抗力。

茶 树

何首乌丸

原料：何首乌1500克，牛膝、黑豆各500克，红枣400克。

制法：红枣去核，洗净蒸熟并捣烂成泥；将何首乌、牛膝和黑豆洗净，蒸熟，取出晒干，如此反复蒸晒3次后再去掉黑豆。将何首乌和牛膝共同捣成粉，加入红枣泥调匀，捏成绿豆大小的药丸。

用法：每日3次，每次15丸左右，温酒送服。

功效：乌发亮发。

注意事项：忌与葱、蒜、白萝卜同食。

牛膝

香浓椒酒生发剂

原料：花椒适量，白酒、矿泉水各250毫升。

制法：将花椒、白酒一同放入玻璃瓶中密封，放置在阴凉干燥的地方，1周后用滤布将花椒从酒中滤掉，将矿泉水与花椒酒充分混合，调匀。

用法：洗发后，取适量涂在脱发部位，打圈按摩头皮至生发剂完全被吸收，最后彻底冲净。每周2～3次。

功效：改善脱发，抑制白发生长。

花椒

红蓖麻方

原料：红蓖麻50克。

制法：红蓖麻捣碎，蒸熟，取汁用。

用法：取汁涂发。

功效：可养血，通血脉，补阴润肺，令头发柔软而有光泽。

芝麻修护油

原料：橄榄油30毫升，黑芝麻1小匙。

制法：将黑芝麻磨成粉末，用纱布挤出香油，再倒入橄榄油，充分混合调匀，从距离头皮约3厘米的位置开始涂抹头发，发尾可以适量多涂一些，静置15分钟后清洗干净。

用法：每周可使用2～3次。

功效：滋润头发，改善干枯发质，保持头发乌黑亮泽。

橄榄

独活

菊花美发浴

原料：菊花、独活、防风、细辛、川椒、皂荚、桂枝各25克。

制法：将上述原料加适量冷水浸泡20分钟，先用大火烧开，再用小火煮约20分钟，取汁。将药渣再次加少量水煎煮，取汁，两次药汁合并，过滤，调入热水中，配成一定浓度的药浴液。

用法：用此药液洗发。

功效：去头皮屑。

蛋黄热敷护发法

原料：鸡蛋2个（取蛋黄），香水适量。

制法：用毛巾将洗净的头发擦拭至不滴水的程度，将蛋黄液均匀地涂抹在头发上，并轻轻按压发梢，按摩头发，将毛巾泡在热水中，取出后拧干，包住头发，约25分钟后将毛巾取下，用温水将头发洗净，洒少许香水，淡化气味。

用法：每周可使用1～2次。

功效：清除污垢，滋润干枯头发。

兰草叶

兰草叶方

原料：兰草叶（5～6月采，晒干）300克，色拉油少许。

制法：兰草叶入油浸泡，备用。

用法：每日用之涂发。

功效：亮泽头发。

桑葚

桑葚子亮发茶

原料：桑葚子30克，冰糖10克。

制法：将桑葚子与冰糖置于茶杯中，用沸水冲泡，每剂可反复冲泡3～4次。

用法：每日饮用1剂。

功效：滋补肝肾，生津润肠，护肤美颜，黑发乌须。适用于因肝肾阴虚而致的皮肤粗糙、颜面无华、须发早白、眩晕目暗等。

注意事项：脾胃虚寒、泄泻者忌服。

黑芝麻白糖方

原料：黑芝麻500克，白糖适量。

制法：将黑芝麻拣净，放入铁锅用小火炒香后晾凉，捣碎后装入瓦罐内备用。

用法：每次2汤匙，放入碗中，再加适量白糖，用温开水冲服。

功效：补阴血，养肝肾，乌须发，填精髓。

黑芝麻

乌须止血散

原料：鲫鱼1条，当归末、盐（煅过）各适量。

制法：将鲫鱼以泥固烧存性，捣碎加盐并调匀备用（去肠留鳞以当归末填满）。

用法：用此药加水洗头。

功效：乌发止血。

鲫 鱼

诃子茶

原料：诃子适量。

制法：将诃子煎汤后去渣留汁。

用法：代茶饮用。

功效：敛肺涩精，乌须黑发。

核 桃

黑发茶

原料：核桃、粳米各适量。

制法：将核桃去壳研成膏，再用清水将粳米煮成粥，加入核桃膏搅匀即可。

用法：早、晚空腹食用。

功效：润肤养颜，乌须黑发。

旱藕方

原料：旱藕适量。

制法：把旱藕焙干后研成细末装瓶备用。

用法：每日食用10克。

功效：益气养血、乌发延年、美容养颜、滋养毛发。

粳 米

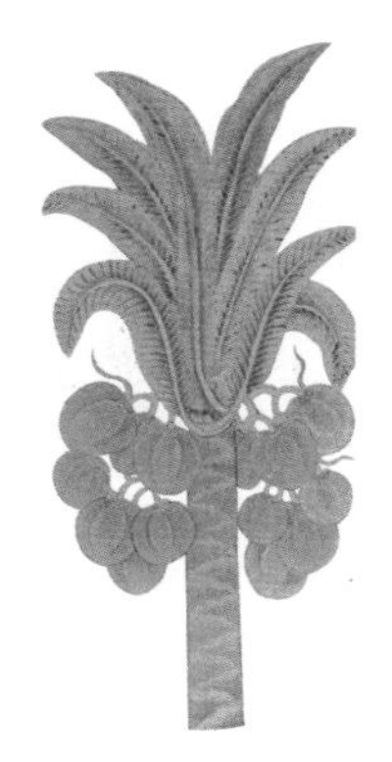

椰子

核桃膏

原料：核桃3个（鲜），乳汁400毫升。

制法：将核桃和皮捣细末，和乳汁一同放于银石器内，用小火熬，用竹篾子搅成膏。

用法：用时洗净头发，将核桃膏抹于发上。

功效：可使头发由白变黑。

椰浆

原料：椰浆适量。

制法：将椰浆涂抹于头发上。

用法：每日早上1次，晚上临睡前洗净，连续使用7日为佳。

功效：黑发润发。

桂花

美发方

原料：桂花、香油各适量。

制法：桂花与香油混匀，蒸热即可。

用法：涂发。

功效：香发润发。

香发油方

原料：零陵香30克，香油2400毫升。

制法：将零陵香放进香油内，用小火隔水蒸4小时左右，取油备用。

用法：洗完头发后，把香发油抹于头发上。

功效：香发润发。

黑豆

黑豆雪梨汤

原料：黑豆30克，雪梨1～2个。

制法：将梨切片，加适量水与黑豆一起放锅内用大火煮开，改小火炖至黑豆烂熟。

用法：食梨饮汤，每日2次，连用15～30日。

功效：滋补肺肾，可乌发秀发。

明眸聪耳

生活中，很多工作压力大的人常感觉耳内鸣响，或如蝉鸣，或如哨声，或如潮声，或似雷鸣，但去医院检查内耳和大脑却并没有什么器质性病变，即查不出确切病因的耳鸣，这种情况的耳鸣属于亚健康耳鸣。

随着生活节奏的加快和人们生活方式、饮食结构的改变，加之环境中噪声污染的加剧，亚健康耳鸣的发病率在逐渐升高。

中医认为，耳为肾之窍，为肾所主，又与其他脏腑有着广泛的联系，因此五脏六腑、十二经脉之气血失调都会导致耳鸣。我们可以对症选用相应的老偏方来进行调养。只有耳聪目明才能让女性朋友更从容地面对工作和生活。

鱼骨鸡肝汤

原料：鱼骨3克，鸡肝1具，青葙子10克。

制法：将以上原料洗净，放入砂锅内煮熟。

用法：趁热熏眼，再连汤服下。

功效：清热明目，改善近视。

青葙子

黑木耳鸡蛋方

原料：绿茶10克，黑木耳25克，鸡蛋2个。

制法：将黑木耳、绿茶及鸡蛋加清水800毫升煮至400毫升。

用法：吃鸡蛋，饮黑木耳绿茶，一次服完。

功效：清热明目，改善眼睛灼痛、流泪、畏光。

女贞子酒

原料：女贞子250克，低度白酒750毫升。

制法：将女贞子拍碎，置容器中，加入白酒，密封，浸泡5～7日。

用法：滤渣，每次温服15毫升，每日服1～2次。

功效：滋阴补肾，养肝明目。

女贞子

羊肝海带汤

原料：海带50克，羊肝30克，红枣1颗。

制法：海带泡软，洗净切细；羊肝洗净切细。所有原料置于锅中，加适量水煮至材料熟透。

用法：食海带、羊肝，饮汤。

功效：补益脾肾。适用于耳鸣。

海带

枸杞生地酒

原料：枸杞子、生地黄各300克，白酒1500毫升。

制法：将枸杞子、生地黄共同捣碎，置容器中，加入白酒密封，浸泡15日后去渣。

用法：空腹温服，每日2次，每次20克。

功效：养肝明目，改善视物模糊。

地黄

鸡肝酒

原料：公鸡肝60克，白酒500毫升。

制法：将公鸡肝洗净切碎，置容器中，加入白酒，密封，浸泡7日后去渣。

用法：每日服3次，每次适量即可。

功效：补肝肾，改善目暗不明。

白菊花茶

原料：白菊花9克。

制法：将白菊花加水煎汤。

用法：去渣取汁后饮用。

功效：清热明目。

枸杞子

枸杞子菊花饮

原料：枸杞子10克，菊花5朵。

制法：枸杞子、菊花加适量开水冲泡。

用法：代茶饮。

功效：改善眼部疲劳及酸胀感。

茶水熏蒸法

原料：茶叶适量。

制法：用沸水泡茶，微闭双眼凑到杯口处，同时用双手护住杯口，让蒸汽熏上来。

用法：每次10分钟左右，每日至少熏1次。

功效：明目，消除视疲劳。

茶叶

胡萝卜炖田螺

原料：胡萝卜250克，田螺肉150克，姜、葱、料酒、酱油、醋、味精各适量。

制法：先将胡萝卜洗净，切菱形块，再与田螺肉同入砂锅，加水、料酒、姜、葱煨炖至田螺肉至软烂，汤中加酱油、醋、味精调味即可。

用法：吃胡萝卜、田螺肉、饮汤，每日1剂。

功效：健脾养胃，可防止内耳上皮细胞及耳蜗耳管萎缩，促使内耳神经细胞再生。

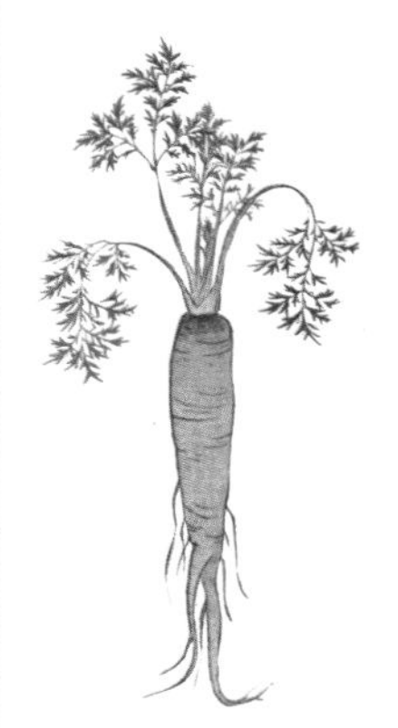

胡萝卜

菊花粥

原料：菊花50克，粳米100克。

制法：将菊花煎汤，再将菊花汤与粳米同煮成粥。

用法：每日早、晚温热服食。

功效：清心除烦，清肝明目，降血压。对中老年人心烦眩晕、耳鸣耳聋、肝火目赤等有良好的疗效。

蒙蒺决明茶

原料：密蒙花、羌活、白蒺藜（炒）、木贼、石决明各30克，甘菊90克，茶叶适量。

制法：将前六味研成细末，混匀，每次取6克，与茶叶一同用沸水冲泡。

用法：代茶饮，每日2～3次。

功效：清热明目，改善两眼昏暗、流泪。

密蒙花

芝麻粥

原料：黑芝麻15克，粳米50克。

制法：黑芝麻微炒后研成泥状，加粳米煮成粥即可。

用法：佐餐食用。

功效：滋补肝肾，养血生津，润肠通便，乌须黑发。适用于老年人肝肾亏虚而引起的腰膝酸软、头昏耳鸣、须发早白或慢性便秘等。

黑芝麻

莲子粥

原料：莲子肉30克，糯米100克。

制法：将莲子肉煮烂，加入糯米，一同熬煮成粥即可。

用法：佐餐食用。

功效：益精气，强智力，聪耳目，健脾胃。适用于高血压引起的老年性耳鸣耳聋。

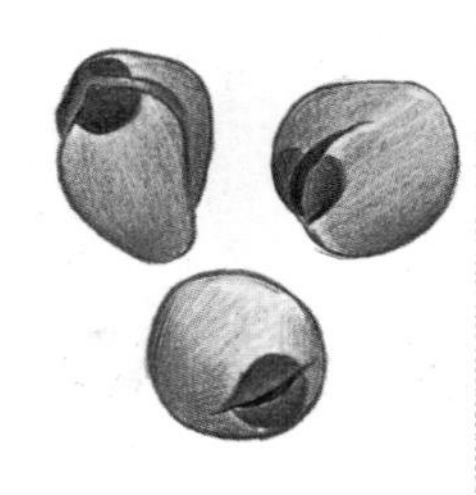

莲子

地黄方

原料：地黄1个。

用法：地黄截段塞耳中，每日数次。

功效：可有效改善耳鸣症状。

芹菜粥

原料：连根芹菜120克，粳米250克。

制法：芹菜洗净切碎，与粳米加适量水煮粥。

用法：早、晚食用，每日1剂，连用数剂。

功效：清肝泻火。适用于肝火上扰所致的耳鸣。

苍术

苍术方

原料：苍术1个，艾炷5～7壮。

制法：将苍术削成圆锥形，中刺数个小孔，塞进外耳道；然后将艾炷放在苍术上点燃。

用法：每日或隔日1次，10次为1个疗程。

功效：适用于神经性耳鸣。

鼻部保养

由于鼻子的特殊位置，它保养的好坏会直接影响到面部甚至整个人的形象。由于鼻子是油脂分泌旺盛的部位，如果清洁不及时会让整个人看起来很油腻，不整洁，时间长了还会出现黑头。

再加上年龄的增长，护肤产品使用不当以及一些坏习惯的影响，毛孔也会越来越粗大以及出现玫瑰痤疮（又称酒渣鼻），这些鼻部问题都会给女性造成很大的困扰，可以利用一些偏方来改善这些问题。

鲜枇杷叶粉

原料：新鲜的枇杷叶、栀子仁各适量。

制法：枇杷叶背部绒毛去掉，与栀子仁研成粉末。

用法：每日3次，每次服6克。

功效：清热凉血。适用于酒渣鼻、毛囊虫皮炎等。

枇杷叶

红糖蜂蜜方

原料：红糖1匙，蜂蜜适量。

制法：将红糖和蜂蜜放在面膜碗中搅拌均匀。

用法：轻轻地涂抹在鼻头和鼻翼两侧长黑头的地方，轻轻按摩1～2分钟后用清水洗净，每周1～2次。

功效：去黑头。经常在洗面奶中加一点蜂蜜洗脸，可以使皮肤变细滑，告别黑头。

芦根竹茹粥

原料：鲜芦根150克，竹茹20克，粳米100克，盐适量。

制法：用纱布袋将鲜芦根、竹茹包好，与淘洗干净的粳米一同放入砂锅煮粥，粥成后，捞出药渣包，加盐调味。

用法：每日1剂，早晚分服。

功效：养阴生津。适用于痰热内蕴型酒渣鼻。

粳米

防风

苍耳子薏米水

原料：苍耳子27克，蝉衣6克，防风、蒺藜、玉竹、百合各9克，炙甘草4.5克，薏米12克。

制法：将以上各味药材水煎，滤渣取汁。

用法：每日1剂。

功效：使鼻部肤色润泽，防治鼻部疾患。

剑花猪肺汤

原料：剑花30克，猪肺1具，盐适量。

制法：将剑花、猪肺洗净，大火煮沸，改小火煮至猪肺熟透，捞起切块，再放回汤内，待汤沸后加适量盐调味。

用法：佐餐食用。

功效：改善酒渣鼻。

注意事项：不要吃辛辣和刺激性食物；不饮酒；避免暴晒和寒风的刺激；保持良好的心态和有规律的生活，防止内分泌失调；保持大便通畅。

柠檬

西红柿柠檬面膜

原料：柠檬、西红柿各1个，面粉2大匙。

制法：柠檬、西红柿分别洗净，将柠檬切成薄片后榨取汁液，西红柿去蒂切块，捣成泥状。

用法：将柠檬汁、西红柿泥、面粉一同倒在面膜碗中，充分搅拌，调和成糊状，敷于面部，静置15分钟左右，用清水洗去。

功效：平衡油脂分泌，去黑头。

大黄

大黄百部酒

原料：生大黄、生百部各100克，95%乙醇200毫升。

制法：将生大黄、生百部浸于乙醇中。

用法：1周后用该酒擦拭鼻部。

功效：去黑头，还可改善酒渣鼻潮红、红斑、油腻等症状。

健齿护唇

人称牙齿是脏腑之门。牙齿与食物的消化、语音的发生都有直接关系。女性牙齿洁白、整齐、坚固，不仅增添美感，而且能预防和减少消化系统疾病，增进身心健康。

古代医家对牙齿的保健非常重视，认为牙齿“摧伏诸谷，号为玉池”，应常“揩理盥漱，叩琢导引，务要津液荣流，涤除腐气，令牙齿坚牢”（《圣济总录》），故历代的护牙药方数量颇多。

但是现代人大量吸烟、喝茶，或者懒于漱口刷牙，忽视口腔卫生，都可能造成齿垢沉积，影响牙齿的美观。

为了保护好我们的牙齿，我们应该效仿古人，做到全方位保护牙齿，下面的老偏方可供大家参考。

石斛绿茶饮

原料：鲜石斛10克，绿茶4克。

制法：将鲜石斛洗净，切成节，与绿茶一起放入茶壶内，用沸水冲泡，再放小火上炖5分钟左右。

用法：每日泡1壶，代茶饮用。

功效：固齿健齿，改善口臭、牙龈出血等症。

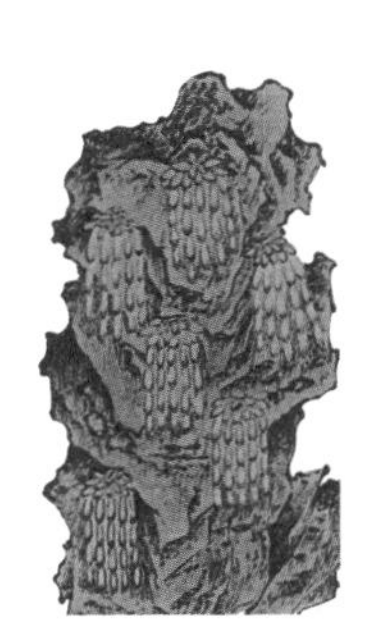

石斛

磨盘草醋方

原料：鲜磨盘草根、醋各适量。

制法：将鲜磨盘草根洗净，切细，浸入醋中1小时，用布包好含在嘴里，可酌情加糖调味。

功效：适用于牙龈溃疡或出血。

清新口齿方

原料：沉香、麝香各3克，细辛15克，升麻、藁本、藿香叶、甘松、白芷各8克，石膏125克，寒水石60克。

制法：将以上原料共研成细末。

用法：每日早上蘸少许药末刷牙。

功效：适用于齿垢及口臭。

沉香

橘子

橘子皮粉

原料：橘子皮适量。

制法：将橘子皮晒干后，研磨成粉末。

用法：掺在牙膏里刷牙。

功效：美白牙齿。

漱口茶

原料：红茶、绿茶各适量。

制法：用红茶、绿茶泡茶1～2杯。

用法：饮茶后，用此茶水漱口。

功效：固齿坚齿。

菖蒲

香浓巧克力润唇油

原料：无糖巧克力碎3粒，椰子油半小匙，维生素E胶囊2粒。

制法：将以上原料放入不锈钢小容器中，用小火加热至化开（不必煮沸），关火。拌匀，冷却后保存在方便携带的容器中。

用法：涂抹双唇，不必清洗。

功效：滋润双唇，护唇。

菖蒲酒

原料：菖蒲300克，酒800毫升，高粱米适量。

制法：菖蒲切薄片，晒干，用袋子装好。酒放入酒缸内，将装菖蒲的药袋放进酒中，密封。百日后，酒如绿叶色，再把炒好的高粱米放进去密封40日，过滤去渣，药渣曝晒后捣末备用。

用法：温酒1杯，调服上述药末3克。每日3次。

功效：可黑发、固齿、生齿，令人耳聪目明等。

贝母

坚齿方

原料：核桃、贝母各等份。

制法：核桃去壳、烧透，与贝母研为细末。

用法：每次取适量细末擦于牙齿上，每日多次。

功效：使牙齿坚固洁白。

金银花白芷汤

原料：金银花15克，白芷6克。

制法：将金银花、白芷两味药物同入砂锅加水煎煮。

用法：每日1剂，温服。

功效：缓解和改善牙龈炎、红肿疼痛等。

金银花

白矾方

原料：白矾适量。

制法：白矾研细，备用。

用法：每日用牙刷蘸此粉刷牙。

功效：可除烟黄，洁白牙齿。

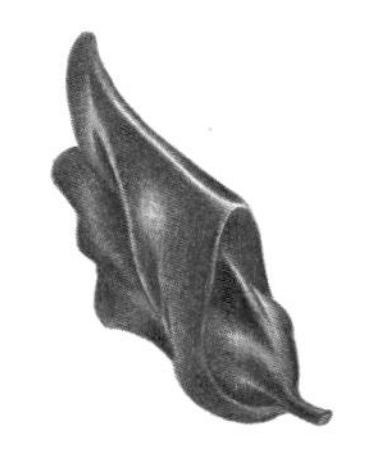

海带

海带豆腐粥

原料：海带100克，豆腐250克，粳米30克，葱花、盐各适量。

制法：海带切丝；豆腐用油炸黄，切块。粳米淘净，与水、海带丝、豆腐块共煮粥，粥将熟时加葱花、盐即可。

用法：直接食用。

功效：益肾固齿。

豆腐

食醋漱口

原料：醋适量。

用法：含半口醋，在口里漱2～3分钟，然后吐出，再用牙刷刷洗，最后用清水漱净。

功效：经常使用，可除烟垢、洁牙齿。

丝瓜姜汤

原料：鲜丝瓜300克，鲜生姜60克。

制法：将鲜丝瓜洗净切段，再将鲜生姜洗净切片。两者入锅，加适量水煎1小时。

用法：每日1剂，分2次服用。

功效：健牙固齿。适用于风热牙痛，症见牙齿作痛，咀嚼或轻叩时痛甚，牙龈红肿或溢脓。

丝瓜

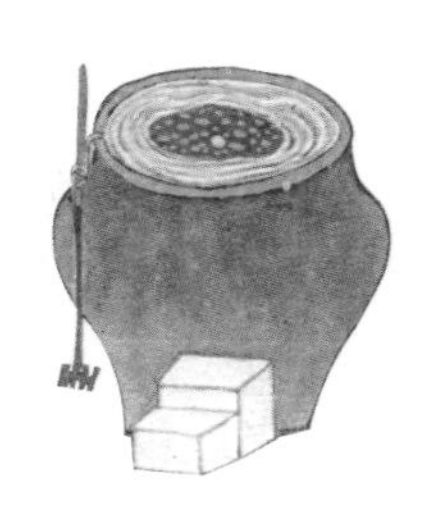

青黛

健齿膏药

原料：青黛6克，乳香、轻粉各3克，麝香1.5克，砒石0.3克，香油适量。

制法：将以上五味共同研为细末，用香油调成膏药。

用法：薄摊纸上，睡觉前用温水漱口，拭干，剪膏药贴于患处，第二天早晨揭去，再以温水漱口。

功效：适用于牙龈炎，改善口臭。

沙拉胡萝卜方

原料：沙拉酱1大匙，胡萝卜50克。

制法：将胡萝卜洗净并去皮，放在搅拌机中打成碎末，和沙拉酱一同放入容器中，搅拌均匀。

用法：涂抹在嘴唇上，然后覆上一块保鲜膜，按摩唇部，25分钟后取下，将唇部清洗干净。

功效：深度滋养，去除唇部老废细胞，有效修护双唇。

固牙方

原料：荆芥、川芎、细辛、当归各30克。

制法：先将各味药材洗净晾干，然后共同研磨成粉末，装入容器中保存。

用法：每日早、晚蘸少许药末刷牙。

功效：消肿固齿，清洁口腔。

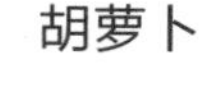

胡萝卜

小贴士

1.养成良好的刷牙习惯。饭后用温开水漱口，早、晚各刷牙1次，每次2～3分钟。刷牙的次数不能太多，多了反而会损伤牙齿，刷牙的时间也不宜过长。要掌握正确的刷牙方法，不宜横刷，应采用竖式刷牙法。

2.养成每天早、晚叩齿的习惯。叩齿运动能促进牙周组织的血液循环，改善牙周组织营养，延缓和阻止牙龈萎缩，从而减少龋齿等牙病的发生。可在每天早、晚起床、睡觉前叩齿36下，同时将产生的口水咽下，长期坚持，可使牙齿坚固，不生牙病。

颈部保养

颈部的皮肤最容易泄露女人的年龄，因为颈部的肌肤比脸部要薄很多，而且皮下脂肪及皮脂分泌也比较少，加上还要支撑整个头部的重量，所以随着年龄的增长颈部的皮肤很容易出现皱纹。

当颈部皮肤出现皱纹或是其他皮肤问题时不但会影响美观，还极易产生污秽。对每位女性来说，日常生活中利用一些偏方做好颈部皮肤的清洁、护理及保养是很重要的，让颈部健美，让整个人更加光彩夺目。

黄瓜清粉

原料：鸡蛋1个（取蛋清），黄瓜半根，面粉适量。

制法：将黄瓜洗净，去皮，放入榨汁机中榨汁，用无菌滤布滤取黄瓜汁。将黄瓜汁、蛋清、面粉一起放入容器中，搅成糊状。

用法：均匀地涂抹于颈部，10分钟后洗净。每周3～4次。

功效：深层滋润颈部肌肤。

黄瓜

牛奶防皱膜

原料：牛奶1大匙，橄榄油、面粉各适量。

制法：取1大匙牛奶，加数滴橄榄油和少量面粉拌匀。

用法：敷在清洁后的颈部，10分钟后用清水洗净即可。

功效：减少皱纹，增加皮肤弹性。

栗皮蜂蜜

原料：栗子、蜂蜜各适量。

制法：栗子剥开，取内皮，捣成粉末，然后将蜂蜜慢慢倒入，将两者搅拌均匀。

用法：涂于颈部，保持15分钟左右，用清水洗净即可。

功效：紧致皮肤，消除颈纹。

栗子

橄榄

黄芪

当归

甜杏仁美颈晚霜

原料：甜杏仁油1大匙，维生素E胶囊1粒，椰子油、橄榄油、凡士林各2大匙。

制法：将甜杏仁油、椰子油、橄榄油、凡士林一同放入碗中，再用剪刀将维生素胶囊剪破，滴入碗中，将碗放入锅中隔水加热至温热，关火，拌匀，冷却。

用法：每晚临睡前取适量晚霜均匀地涂抹颈部，并充分按摩。

功效：滋润颈部肌肤，淡化皱纹。

豆腐鱼皮鱼骨汤

原料：鱼骨、鱼皮各200克，豆腐100克，香菇50克，葱花、花椒、盐各适量。

制法：把鱼皮、鱼骨放入适量水中，放入花椒去味，用小火熬1小时，待汤色变白后，加入切好的豆腐和香菇继续煮，最后撒上葱花，用盐调味。

用法：佐餐食用。

功效：补充胶原蛋白，改善颈部皱纹。

羊肉糯米粥

原料：鲜羊肉片500克，当归、熟地黄、白芍、黄芪各10克，糯米100克，生姜、盐各适量。

制法：将羊肉片、当归、熟地黄、白芍、黄芪、生姜放入水中煮沸，取出羊肉片，再将糯米放入，煮沸以后再放入羊肉片，加少量盐，煮熟。

用法：早餐时空腹食粥。

功效：去除颈纹。

绿豆蛋清祛皱霜

原料：绿豆粉、蜂蜜各3匙，鸡蛋1个（取蛋清）。

制法：绿豆粉倒入碗中，加蜂蜜、水和蛋清搅拌均匀成糊。

用法：用小刷子刷满整个颈部，保持5～8分钟后洗去。

功效：收敛颈部肌肤，去颈纹。

手部保养

很多人说手是女性的第二张脸。因为双手承担了我们身体很大一部分的动作，也是人们目光常停留的部位。

手的作用虽然很重要，但却常常被忽视。每当季节变换的时候，皮肤都会受到很大影响，故此手部皮肤的保养尤为重要。

柠檬精油手浴方

原料：柠檬精油2滴。

制法：将热水倒入脸盆中，水温为40℃左右，水量以没过手腕为准，将柠檬精油滴入热水中，调匀。

用法：将双手放进去，浸泡约15分钟，用毛巾擦干。

功效：促进手部血液循环，美白手部皮肤。

柠檬

生猪油方

原料：生猪油100克，白糖5克。

制法：生猪油中加入白糖，调匀，涂在手上。

用法：每日2～3次。

功效：改善手部皮肤粗糙的状态。

蛋黄木瓜润手膜

原料：木瓜半个，鸡蛋1个（取蛋黄），橄榄油2大匙，保鲜膜适量。

制法：木瓜洗净后取出木瓜肉捣成泥状，鸡蛋黄打散，将橄榄油、蛋黄液加入木瓜泥中，充分搅拌均匀，涂抹在洗净的双手上，再覆盖一块保鲜膜，将手包住。

用法：静置25分钟后取下，用清水洗净即可。

功效：软化角质，预防手部皮肤干裂。

木瓜

甘草

米酒甘草润手液

原料：甘草50克，米酒、甘油、蒸馏水各100毫升。

制法：将甘草浸泡在米酒中48小时，将甘草滤掉，留取浸液，将甘油、蒸馏水加入浸液中调匀。

用法：洗净双手，取适量润手液均匀地涂擦在干裂的手部，再用指腹按摩至全部吸收。

功效：改善手部皮肤粗糙、干裂的状态。

杏仁

双仁嫩手膏

原料：瓜蒌仁60克，杏仁50克，蜂蜜适量。

制法：将前两味洗干净并吸干水分，共同研成细末，加入适量蜂蜜调和成膏。

用法：洗净手部，涂抹此膏，不限次数。

功效：润手增白，平皱抗纹。

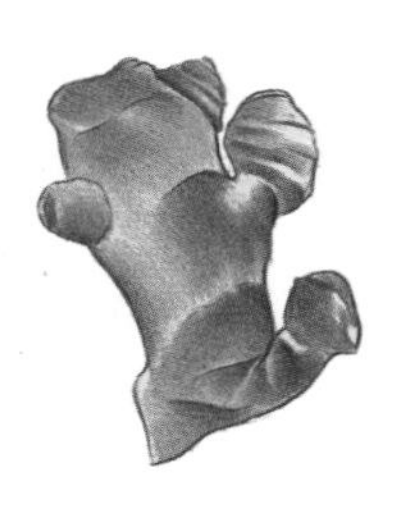

姜

姜白矾

原料：姜25克，白矾1块（红枣大小）。

制法：将姜洗净，切片，加白矾，再加入适量水煮开，待水变温后将双手放入浸泡5分钟左右。

用法：每日1次，连续3日后停2日，如此浸泡2～3次即可。

功效：改善手部脱皮的状态。

淘米水

原料：淘米水适量。

用法：每日用第一次淘洗白米后的水洗手。

功效：有助手部皮肤清洁，长期使用皮肤会变得越来越滑嫩。

西红柿

西红柿汁方

原料：西红柿2～3个，蜂蜜适量。

制法：将西红柿洗净，切碎，榨汁，加入蜂蜜调匀即可。

用法：涂于面部或双手。

功效：洁肤护手。

薰衣草护手霜

原料：薰衣草精油6滴，鸡蛋1个（取蛋黄），柠檬汁2小匙，橄榄油、葵花子油各50毫升。

制法：将鸡蛋黄加入柠檬汁中，搅拌至起泡，然后将橄榄油、葵花子油加入柠檬蛋黄汁中，充分搅拌均匀，滴入薰衣草精油，调匀后涂在手部皮肤上。

功效：滋润手部皮肤。

注意事项：不宜在阳光下使用这款，以免产生斑点。

薰衣草

香蕉方

原料：香蕉1只，甘油10毫升。

制法：取熟透的香蕉，用手捏软，将果肉与甘油混合拌匀置于容器中备用。

用法：使用时，将手足皲裂处的皮肤洗净，然后用果肉泥在患处反复搓揉，连续使用3～5日即可治愈。

功效：手足皲裂者使用有很好的效果。

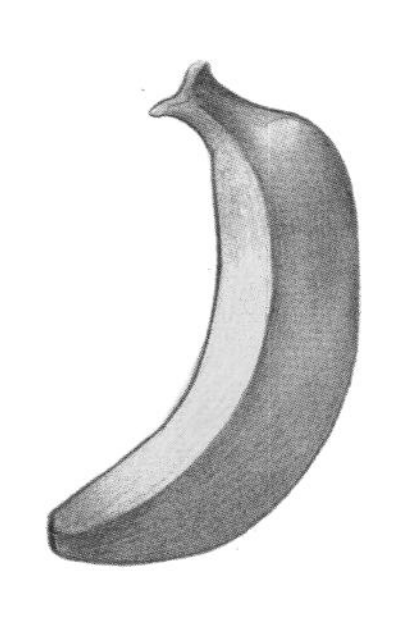

香蕉

糯稻根方

原料：糯稻根适量。

制法：用沸水闷泡糯稻根。

用法：待糯稻根水变温时，将长有老茧的手浸入其中，连浸数日即可渐薄，自能脱出。

功效：适用于手上生茧。

小贴士

1.平时多摄取富含维生素A、维生素E及锌、硒的食物，如绿色蔬菜、瓜果、鸡蛋、牛奶、海产品、杏仁、胡萝卜等，以免肌肤干燥。

2.饮食上还应注意钙、铜等的摄入，可多吃奶类、豆类制品、海产品、绿色蔬果、动物肝脏、硬果类等。

3.多练习手指操，如平时看电视的时候，可模仿弹钢琴的动作，让手指一屈一张地反复活动。

足部保养

双脚也是需要重点保护的部位。因为脚承受着整个身体的重量，而脚部的皮肤缺少具有保护作用的皮脂腺，并且总是包裹在鞋和袜子中，“不见天日”，所处的环境又很“恶劣”，所以极容易出现各种各样的病症，最常见的如异味、厚重角质及脚气、鸡眼等。

对于女性来说，不仅会造成不适，还会影响美观，所以平时我们可以选择合适的老偏方进行足部保养，达到健康美观的效果。

谷皮糠粥

原料：粳米50克，新鲜谷皮糠适量。

制法：将粳米洗净，煮成稀粥，待粥成时把谷皮糠调入粥中煮至粥稠。

用法：每日1剂，分早晚2次服用。

功效：适用于脚气。

粳米

防皲裂膏

原料：羊脂、牦牛脂各50克。

制法：将羊脂和牦牛脂放在锅中熬化，滤去残渣，滤液凝固后备用。

用法：用时将膏体烤化，滴于裂口处，用布或胶布包扎，每3日洗1次患处，洗后再重新包扎好。

功效：可以滋润足部皮肤，改善粗糙和皲裂状况。

冬瓜赤小豆方

原料：小冬瓜1个，赤小豆130克，糖水适量。

制法：冬瓜切盖，去内瓤，装入赤小豆，放糖水中煨熟淡食，或焙燥为丸食用，或加水煮至熟烂。

用法：分2～3次食完。

功效：祛湿消肿，改善脚气。

小冬瓜

柠檬软化角质足浴方

原料：柠檬汁、醋各1大匙。

制法：将醋、柠檬汁、温水一同倒入盆中，充分搅拌均匀即可。

用法：浸泡双脚，约10分钟后洗净双脚。

功效：杀菌，软化足部死皮，美白足部。

柠 檬

吴茱萸生姜方

原料：吴茱萸、生姜各适量。

制法：吴茱萸、生姜加入500毫升水煎至半碗。

用法：每日1剂，早晚各服1次。

功效：适用于汗湿型脚气。

吴茱萸

薄荷清凉爽足粉

原料：干薄荷叶适量，玉米粉150克，婴儿油数滴。

制法：用榨汁机将干薄荷叶打碎，将玉米粉放入容器中，加入碎薄荷叶拌匀，再将婴儿油滴入其中，充分搅拌。

用法：将双脚洗净，擦拭干净后取适量爽足粉均匀地洒在脚上。

功效：吸汗止汗，抑制细菌，消除异味，保持足部干爽。

白萝卜方

原料：白萝卜1个。

制法：白萝卜煎水。

用法：频洗双脚数次，即愈。

功效：适用于足出臭汗。

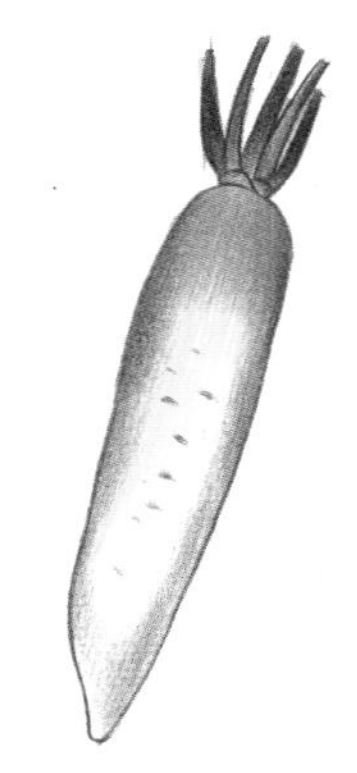

白萝卜

蚌蛤粉

原料：蚌蛤粉（用蚌、蛤贝壳研磨成的粉末）适量。

用法：用蚌蛤粉干擦患处。

功效：适用于足部奇痒症。

半夏

半夏方

原料：半夏适量。

制法：半夏加水调匀。

用法：涂于患处，一宿即消。

功效：可有效缓解因行路过多而导致的脚部起泡。

核桃芝麻膏

原料：核桃仁30克，芝麻15克，蜂蜜20毫升。

制法：将核桃仁、芝麻研成细末，加入蜂蜜制成膏。

用法：涂抹患部。每日1～2次。

功效：养足护足。

干冬瓜皮方

干冬瓜皮

原料：干冬瓜皮30克。

制法：干冬瓜皮熬汤。

用法：熏洗足部。

功效：养足护足。

乌梅方

原料：乌梅60克。

制法：乌梅煎水。

用法：擦洗足部。每日1～3次。

功效：养足护足。

白芷

猪油止皲裂膏

原料：猪油500克，白及、白芷、白鲜皮各5克，硫磺、黄蜡、地骨皮、冰片各10克。

制法：将上述原料除猪油外共同研成细末，将猪油煎化，与药末混在一起调匀，放凉后装瓶备用。

用法：用时将患处用温水洗净，擦干，将药膏涂擦在患处，用火微烤。

功效：滋润皮肤，防止皲裂。

美白润肤

拥有明亮白皙的皮肤是许多女性的梦想，粉嫩细白的肤质不仅显得青春健康，也会使轮廓更立体，更加美丽。

皮肤白不白主要取决于皮肤黑色素细胞合成黑色素的能力。人体表皮基层细胞间分布着很多黑色素细胞，它含有的酪氨酸酶可以将酪氨酸氧化成多糖，中间再经过一系列的代谢过程，最后生成黑色素。黑色素生成越多，皮肤就显得越黑；反之，则皮肤就越白皙。

觉得自己肤质不够白皙的人，可以依据个人的美白需求选用合适的偏方进行保养。

川芎红枣鱼头汤

原料：鱼头1个，党参15克，川芎10克，红枣8颗（去核），生姜3片，盐适量。

制法：将除盐外的所有原料分别清洗干净，一同放入煲内，加8碗水，煲1.5小时左右，加盐调味。

用法：出锅后饮汤，吃鱼头。

功效：补血，改善面色萎黄。

川芎

冬瓜仁粉

原料：冬瓜仁500克，白酒1000毫升。

制法：将冬瓜仁放入双层纱布袋中，扎紧袋口后放入沸水中，浸泡5～10分钟，取出晒干，再投入沸水中，再晒干，如此浸晒3次，然后将晒过的冬瓜仁泡入白酒中，浸渍两昼夜，捞起晒干，研成细末。

用法：早、晚各1次，用开水冲服，每次6克。

功效：亮白肌肤。

蜂蜜

蜜醋方

原料：蜂蜜、醋各20毫升。

制法：将蜂蜜、醋加温开水冲服。

功效：养颜嫩肤，改善皮肤粗糙、黧黑。

黄豆香油

黄豆

原料：黄豆、香油各适量。

制法：黄豆烧灰存性，研末和香油调配。

用法：涂于面部。

功效：适用于痘后生疮，可使肌肤康复如初。

冬桑叶方

原料：冬桑叶适量。

制法：桑叶煎浓汁收贮。

用法：冬日早晨用适量掺入洗脸水中洗面。

功效：可在冬天里保养皮肤，又能预防面部冻伤、皲裂。

薏米粉美白方

薏米

原料：薏米粉、醋各适量（比例为1∶2）。

制法：将薏米粉和醋倒入面膜碗中混合均匀。

用法：敷在面部，10~15分钟后用清水洗净。

功效：令肌肤嫩白。

菊花蛋清方

原料：鲜菊花适量，鸡蛋1个（取一半蛋清）。

制法：将菊花捣烂，加入蛋清。

用法：拌匀后敷于面部。

功效：抑制黑色素的产生，软化表皮细胞，美白肌肤。

怀杞花胶炖鸡

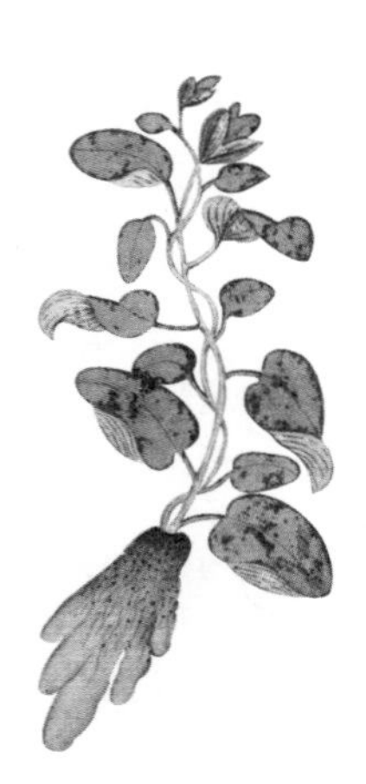
山药

原料：鸡1只，花胶50克，怀山药、枸杞子、桂圆肉各25克，生姜2片，葱、姜、盐各适量。

制法：将整只鸡去内脏，清洗干净；其他原料分别洗净；花胶放入加有葱、姜的沸水中汆烫后捞出；将所有原料一同放入煲内，加清水10碗，煲约2小时后，再加适量盐调味。

用法：佐餐食用，每周1~2次。

功效：改善气血不足、面色萎黄。

甘薯方

原料：甘薯1个。

制法：甘薯切开，将渗出的白汁存于碗中。

用法：涂于面部。

功效：可使面部越来越娇嫩。

鸡蛋

橄榄油蛋奶方

原料：橄榄油10毫升，鸡蛋1个（取蛋黄），面粉30克，鲜牛奶适量。

制法：将以上4种原料混合调成糊状。

用法：轻轻涂抹在脸部，干后用清水洗净即可。

功效：益气养血，美白肌肤。适用于干性皮肤。

黑芝麻

黑芝麻蜜丸

原料：黑芝麻、白蜜各适量。

制法：黑芝麻洗净，甑蒸，取出晒干，以水淘去沫，再蒸，如此反复3次；用开水烫脱其皮，筛净，炒香为末，炼蜜为丸，如弹子大。

用法：每次6克，温酒送服，每日2次。

功效：补肝养血，润泽皮肤。

润肤醋

原料：醋50克，甘油10克。

制法：将醋与甘油混匀。

用法：外擦皮肤。

功效：滋润肌肤，去瘀展皱。

天冬

天冬蜜

原料：天冬、蜂蜜各适量。

制法：天冬和蜂蜜捣烂。

用法：每日用其洗脸。

功效：美白润肤。

积雪草养颜茶

积雪草

原料：生地黄12克，积雪草、生山楂各15克，白糖适量。

制法：将以上前三味分别洗净、切碎，捣成粗末状，放在容器中混合均匀，加入适量清水煎煮，最后加少许白糖调味。

用法：代茶频饮即可。

功效：清热凉血，润泽肌肤，可改善面色黧黑。

仙光散

原料：桃花、鸡血各适量。

制法：将桃花阴干成末，调和鸡血，密封贮存。

用法：每日取适量用于涂面部。

功效：活血通络，美容润肌。

密陀僧方

密陀僧

原料：密陀僧30克，乳汁适量。

制法：密陀僧研为极细末，用乳汁调如薄锡。

用法：用时略蒸，睡前趁热敷面，次日洗净，不可频繁使用。

功效：润肤清热，合面生光。

牡蛎膏

牡 蛎

原料：牡蛎90克，甘薯根30克，蜂蜜适量。

制法：牡蛎和甘薯根共研为末，加蜂蜜调成膏状。

用法：睡前涂面，第二天早晨用温浆水洗去。

功效：清热化痰，散结，可令面白如玉。

赤小豆方

原料：鲜赤小豆花适量。

制法：将赤小豆花捣烂绞汁，存于碗中。

用法：擦于面部，每日1～2次。

功效：润泽容颜，除糙嫩肤。

白术酒

原料：白术15克。

制法：白术去皮，捣碎，用水1升浸泡30日，取汁，露1夜，浸米酿成。

用法：每日饮100毫升，分2次服。

功效：益燥散寒，驻颜悦色。用于保养面容，使之娇嫩。

白术

猕猴桃杏汁

原料：杏4～5个，猕猴桃1个。

制法：杏洗干净，去掉杏核，猕猴桃洗净，剥去外皮，切小块；将杏和猕猴桃块放入榨汁机中榨取果汁。

用法：饮用即可。

功效：美白润肤。

枸杞子

枸杞子煎

原料：枸杞子适量。

制法：枸杞子加水适量，慢火煎成膏，取出放入瓷器内。

用法：每次服半汤匙，以温酒调下。

功效：明目驻颜，润泽肌肤，美容。

薏米

薏米嫩肤方

原料：薏米粉10克，蜂蜜少许。

制法：用薏米粉煎茶，加蜂蜜服用。

用法：每次饭前半小时至1小时服用。

功效：连续服用6个月，脸上会光滑细嫩。

银耳

银耳粥

原料：银耳5克，粳米50克，白糖适量。

制法：银耳泡发，择净；粳米淘净，与银耳一起加水煮粥，粥熟时，加入白糖，再煮1～2沸即成。

用法：每日1剂。

功效：去脂化浊，滋养肌肤。

半夏

茯苓

半夏散

原料：半夏、米醋各适量。

制法：半夏焙干，研为细末，米醋调匀，贮瓶备用。

用法：用时涂敷面部，从早至晚频涂，3日后用皂角汤洗净。

功效：散结行瘀，祛风美白，细面嫩容。

茯苓抗衰方

原料：茯苓适量。

制法：茯苓切方块，放在新瓮内，用好酒浸泡，然后用纸封起来，百日之后打开，其颜色如饧糖。

用法：每日吃1块，久服之。

功效：润泽肌肤，洁面祛斑，延年耐老。

桃花酒

原料：桃花、酒各适量。

制法：采摘刚开的桃花阴干，然后浸入盛酒的瓶中，浸泡15日后即可饮用。

用法：每日早、晚各饮1次，每次饮用10～20毫升。

功效：活血，润肤，养颜。适用于颜面失养、面色少华、色斑等。

小贴士

1.平时少吃油炸食品，可多食用含维生素C、维生素A、维生素E等丰富的食物，如水果和蔬菜等。

2.平时注意防晒。在夏季尽量避免10点～14点外出，因为这段时间的阳光最强、紫外线最具威力，对肌肤的伤害最大。

3.外出时除了使用遮阳用具，如伞、太阳镜、穿长袖衣服外，还要涂上防晒品，而且应每隔2小时涂1次。

4.保持充足的睡眠对拥有好肌肤有很大益处。

5.少吸烟、少喝酒，可保持肌肤柔嫩。

防皱抗皱

一般来说，造成皮肤皱纹的主要原因是衰老，这是不可抗拒的自然规律。当机体衰老时，皮肤也不可避免地老化，从而出现皱纹。

此外，患有各种慢性疾病、贫血、营养不良、失眠、精神抑郁等内在因素，直接日晒和皮肤污秽，以及不正确地使用化妆品等外在因素，也是皮肤过早产生皱纹的诱因。过度吸烟、饮酒，也会使皮肤脱水、失去弹性而产生皱纹。还有不良的面部表情，如经常皱眉会在眉间形成皱纹。

皱纹是皮肤老化的结果，不可抗拒，但可通过美容保健推迟它的发生，并减轻程度。对一些非由衰老导致的皱纹，通过老偏方保健也有可能当其在出现不久时予以消除，还女人青春的容貌。

西红柿玫瑰茶

原料：西红柿、黄瓜、鲜玫瑰花、柠檬汁、蜂蜜各适量。

制法：西红柿去皮、子，黄瓜洗净，二者与鲜玫瑰花一起碾碎后滤汁去渣，加入柠檬汁、蜂蜜。

用法：代茶频饮。

功效：促进皮肤代谢，防止皱纹滋生。

西红柿

珍珠茶

原料：珍珠、茶叶各2克。

制法：将珍珠研磨成细粉，再用沸水冲泡茶叶。

用法：用茶汁送服珍珠粉，每隔10日服用1次。

功效：除皱抗老。

橘皮酒

原料：橘皮（或鲜柚皮）、白酒各适量。

制法：将橘皮浸入白酒中，放置1周。

用法：涂抹局部。

功效：美容去皱。

橘

荔枝

红葵银耳蜜汁

原料：红葵12克，荔枝（罐头）8颗，银耳20克，蜂蜜160克。

制法：银耳泡发洗净，加适量水煮沸后加蜂蜜，再倒入红葵、荔枝及罐头原汁煮沸即可。

用法：每日1剂，饮汤食料。

功效：驻颜润肤，延缓衰老。

赤小豆紧致面膜方

原料：赤小豆、小米各2大匙，酸奶3大匙。

制法：赤小豆、小米分别用清水浸泡约1小时，将浸泡好的小米倒入赤小豆中，再倒入酸奶，一起放入搅拌机中搅拌均匀。

用法：敷于面部，约15分钟后用清水洗净，每周1～2次。

功效：紧致肌肤，对抗皱纹。

小米

番茄酱蛋清面膜

原料：鸡蛋1个（取蛋清），番茄酱2大匙。

制法：将鸡蛋清和番茄酱一起放入碗中，搅拌均匀。

用法：敷在脸上，静置15分钟后用温水洗净。

功效：紧实肌肤，对抗皱纹。

栗子蜂蜜面膜方

原料：栗子4个，蜂蜜1小匙。

制法：将栗子去壳，蒸熟，捣烂，加入蜂蜜调匀。

用法：涂抹在面部，25分钟后用温水洗净。

功效：使面部光滑，具有良好的除皱效果。

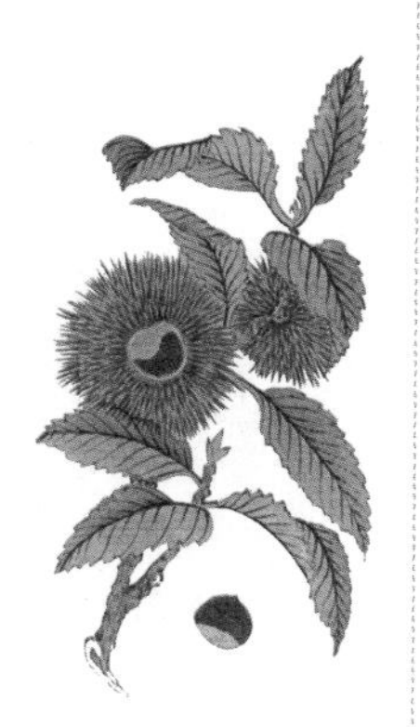

栗子

麦麸红枣汤

原料：小麦麸30克，红枣10颗，红糖适量。

制法：小麦麸炒黄，加适量红糖拌和，用红枣煮汤冲服。

用法：每日2次。

功效：可去除面部皱纹。

栗皮方

原料：栗内薄皮、白蜜各适量。

制法：将栗内薄皮捣散，与白蜜调和。

用法：涂于面部。

功效：润肤去皱。

鸡蛋

鸡蛋粉敷面方

原料：鸡蛋2个，蜂蜜、面粉各适量。

制法：将鸡蛋黄打入面膜碗中，加入部分蜂蜜和面粉，充分搅拌均匀，另将鸡蛋清加少许蜂蜜和面粉，搅匀成蛋清粉。

用法：第一天用蛋黄粉敷面，第二天休息，第三天用蛋清粉敷面，第四天休息。如此反复。

功效：减少皱纹。

莲

三莲驻颜方

原料：莲花、莲藕、莲子、蜂蜜水各适量。

制法：将三莲分别阴干、研末，按7∶8∶9的比例混匀，装瓶。

用法：每次1～2克，兑入蜂蜜水中饮服。

功效：滋阴养血，驻颜轻身。

松子粥

原料：松子仁、粳米各适量。

制法：松子仁、粳米一同煮粥，加入白糖调味。

用法：每日早、晚服食。

功效：美肤去皱。

胡萝卜

胡萝卜醋膜

原料：胡萝卜1根，醋适量，奶粉2大匙。

制法：将胡萝卜洗净、去皮，切成小块，放入榨汁机中榨汁后加入奶粉、醋调匀。

用法：敷于面部，干燥后洗净。

功效：淡化皱纹，增加皮肤弹性。

白芷

黄芪薏米面膜方

原料：黄芪15克，薏米、云茯苓、墨鱼骨各50克。

制法：将以上各药用适量清水煲45分钟，去渣取液。

用法：用时先以面膜纸吸收药液，敷面15～20分钟后，再以清水洁面即可。

功效：保湿防皱。

白芷祛皱方

原料：白芷、白蔹、白术各30克，白及15克，白附子、白茯苓（去皮）、细辛各9克，鸡蛋清适量。

制法：将上述前七味原料筛净，共研为细末，用鸡蛋清调和，做成丸状，阴干，装入瓶中备用。

用法：每晚洗脸后，取适量用温水调成汁，涂面。

功效：防皱，令面部皮肤光润。

白术

苏打水紧肤方

原料：苏打粉半小匙。

制法：将苏打粉加入热水中，充分搅拌至全部溶解，洁面后，将面膜纸在苏打水中浸湿，敷于脸上，静置10分钟后取下，再用冷水洗净，并拍上收敛化妆水。

功效：紧致肌肤。

猪蹄浆

原料：猪蹄1个，澡豆（洗养皮肤的一种粉剂，以豆粉为主，配合各种药物制成）、清浆水各适量。

制法：猪蹄处理干净，入锅，加适量的水和清浆水，用小火炖煮至皮酥骨烂，滤去杂质即成。

用法：白天用此胶浆洗脸面，晚上用此胶浆调和澡豆涂在面上，次日早晨用浆水洗去，连续使用。

功效：预防面部皱纹及皮肤干燥。

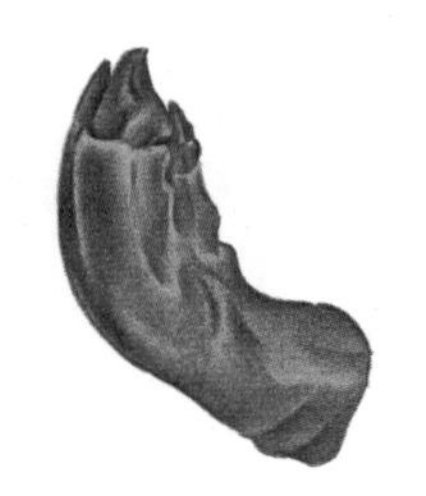

猪蹄

玉米绿豆面膜方

原料：玉米片、绿豆各2大匙，盐2小匙。

制法：玉米片、绿豆分别浸泡约1小时，将绿豆放入榨汁机中打成糊状，将泡成糊状的玉米片加入绿豆糊中，加盐搅拌。

用法：均匀地敷在脸上，15分钟后洗净即可。

功效：清除毒素，紧致肌肤。

绿豆

酒浸鸡蛋

原料：鸡蛋3个，白酒适量。

制法：用酒浸鸡蛋，密封4~5日即可。

用法：使用时取蛋清敷面。

功效：润肤，美白，减皱。

杏仁鸡蛋膏

原料：杏仁、鸡蛋清各适量。

制法：杏仁研成膏，与鸡蛋清相和。

用法：于夜晚洗净脸后涂面，次日早上用温水洗净。

功效：润肤去皱。

鸡蛋

百合粥

原料：百合30克，粳米100克，冰糖适量。

制法：将百合洗净泡软，与粳米一起加水煮粥，粥成时加入冰糖，稍煮片刻即可。

用法：早、晚分食。

功效：益气润肺，驻颜减皱。

菊花粥

原料：菊花15克，粳米60克。

制法：秋季霜降前，将菊花去蒂，烘干或蒸后晒干，磨粉备用。用粳米煮粥，粥成后加入菊花末，再煮1~2沸即可。

用法：早、晚空腹食用。

功效：滋肝养血，驻颜明目。

菊花

全身皮肤保养

很多女性对面部皮肤和双手都是呵护备至，而对全身皮肤的保养就缺少关注，其实全身的皮肤和面部皮肤一样，都需要仔细地保养和呵护，既不能忽略它，也不能过度清洁和护理。例如，洗澡的时候顺势做一点去角质的小保养，之后再让肌肤全面滋润一下等，都是不错的护理小妙招。除此之外，也可选用一些偏方来预防和改善皮肤问题，让肌肤永葆健康。

蜂蜜芹菜汁

原料：芹菜、蜂蜜各适量。

制法：将芹菜洗净，榨汁，然后加入蜂蜜。

用法：每日服2～3次，每次1勺，饭前服用。

功效：改善皮炎引起的皮肤痛痒症状。

蜂蜜

泥鳅米醋外敷方

原料：活泥鳅5～10条，米醋适量。

制法：将泥鳅剖开，去除内脏，用清水洗净，烧干，研成粉末，再用米醋调匀，敷患处。

用法：每日2～3次，一般5～7日可止痒，10日后可治愈。

功效：适用于皮肤起疹、发痒。

菠萝果味磨砂乳

原料：菠萝果肉2杯，燕麦片4大匙。

制法：菠萝去皮，果肉切块，放入榨汁机中搅打成泥，用温水将燕麦片泡开，搅拌至糊状，将菠萝果泥和燕麦糊混在一起搅匀。

用法：洗澡后，将磨砂沐浴乳均匀地涂抹在身上，静置15分钟左右，边按摩边冲洗干净即可。

功效：去除角质，深层清洁，滋润肌肤。

菠萝

三味外洗液

原料：艾叶90克，花椒、雄黄各6克。

制法：取上述原料加适量水煎约20分钟，用煎成的汁擦洗患处。

用法：每日1剂，连用3～5剂即可止痒。

功效：适用于皮肤瘙痒。

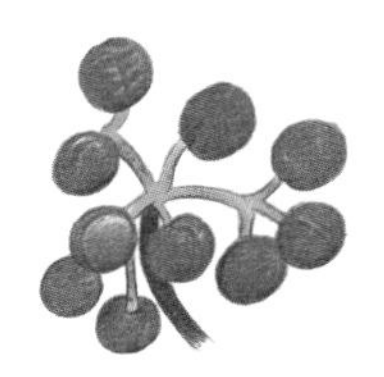

花椒

足浴法

原料：苦参、白鲜皮、蝉衣、紫草、蛇床子、防风各10克。

制法：将以上各味加水煎汁，加适量水进行足浴。

用法：每日1剂，分2次足浴，每次10～30分钟。

功效：适用于皮肤瘙痒。

苦参

桑叶浴

原料：干桑叶1000克。

制法：将干桑叶研磨成细粉。

用法：每次1～2碗桑叶粉，倒入澡盆中搅匀，用来泡澡。

功效：清除肝火，疏风散热。改善皮肤粗糙。

薄荷浴

原料：鲜薄荷200克（或干薄荷50克）。

制法：将鲜薄荷或干薄荷放入锅内，加水熬取药液。

用法：将药液加入洗澡水中，泡澡即可。

功效：散风止痒。

薄荷

茉莉糙米磨砂膏

原料：干茉莉花1小匙，糙米1大匙，蜂蜜2小匙。

制法：将干茉莉花捣碎，糙米磨成粉，两者一同放入容器中，再加入蜂蜜，充分调匀。

用法：取适量磨砂膏，均匀地涂抹在身体上，2～3分钟后洗净，再开始洗澡。

功效：滋润肌肤，去除角质。

除味香体

一身的清爽，自己舒适，是对他人的尊重，也能让自己更加自信和从容，而身体异味往往会让人在生活和工作中比较尴尬，对于女人来说更是如此。使用老偏方清新口气，去除身上的异味，止汗，消除汗味、体臭，消除尴尬，尽情散发魅力，让女性在任何场合和每个季节都能做一个清清爽爽的香美人。

藿香

五香丸

原料：豆蔻、藿香、零陵香、桂心各30克，青木香3克，香附子60克，甘松香、当归各15克，槟榔2枚，蜂蜜适量。

制法：将前九味原料一起研为细末，再加蜂蜜调和为丸，如黄豆大小。

用法：常含1丸在口，咽汁。

功效：香口香体，除去口腔异味。

芳香蜜丸

原料：白芷、薰衣草、杜若、杜衡、藁本各等份，蜂蜜适量。

制法：将前五味药材研成细末，加入蜂蜜做成蜜丸。

用法：早晨起床服3丸，晚上睡前服4丸。

功效：令人生香。

柴胡

香贝养容汤

原料：白术、土贝母、柴胡、当归、青陈皮各9克，炒白芍、制香附、黄芩、地丁各12克，夏枯草30克，金银花15克，僵蚕1条。

制法：将上述各味原料加水煎煮，取药汁。

用法：每日1剂，分2次服用。

功效：可有效缓解或消除湿热型臭汗症。

聚香丸

原料：沉香、麝香、白檀香、青木香、零陵香、白芷、甘松香、藿香、细辛、川芎、槟榔、豆蔻各30克，香附子15克，丁香1克，蜂蜜适量。

制法：将以上原料除蜂蜜外捣筛为末，炼蜜为丸，如梧桐子大。

用法：每日久含之，咽津味尽即止。

功效：本方服用后爽口，且能够令人散发香气。

注意事项：服用此方时忌油腻、辛辣之物。阴虚火旺者慎服。

沉香

西红柿汁

原料：西红柿汁500毫升。

制法：洗澡后，将西红柿汁加入一盆温水中。

用法：蘸取汁水涂擦患处20分钟，每周2次即可。

功效：调理臭汗症。

西红柿

老姜涂擦方

原料：老姜1块。

制法：老姜洗净后切烂挤汁。

用法：涂抹腋下，干了再擦，每日擦3～5次，1周后改为每日擦2次，一般2～3周后可改善。也可直接将老姜切斜口，在腋下涂抹，然后再切去一些再涂。也可将老姜烤热或煨热再切斜口涂擦腋下。外出时可以带着老姜早晚休息时涂抹。

功效：缓解或消除臭汗症。

芙蓉叶浴

原料：芙蓉叶、藿香、青蒿各30克。

制法：将以上各原料加水煎一次后，滤出汁液，再加水煎一次，滤出汁液，倒入浴盆中，加温水适量，洗浴的同时用第一次煎出的药液敷擦两侧腋窝。

用法：隔天洗浴1次，每次30分钟。

功效：减轻或者消除臭汗症。

青蒿

降脂减肥

肥胖不仅会让人失去自信，还会带来很多疾病。因此，为了告别肥胖，很多女性朋友会尝试多种办法以减轻体重，使自己保持苗条的体形和矫健的身姿。有时候，我们也可以根据具体情况选择老偏方来进行减肥瘦身。

黑芝麻

芝麻丸方

原料：黑芝麻3000克，白蜜适量。

制法：黑芝麻淘净甑蒸，上汽后取出晒干，淘去沫，再蒸，反复9次，以开水烫去皮，炒香为末，白蜜为丸如弹子大。

用法：每次温酒1匙化下1丸，每日3次。

功效：美容轻身，乌发润发。适用于面容枯槁、身重体胖、头发早白等。

冬瓜

细腰身方

原料：桃花300克。

制法：桃花阴干，研细末，密封贮存。

用法：每次3克，每日3次，饭前服。

功效：桃花可消肿去瘀，利大小肠，故此方能细腰身并令面色红润。

注意事项：不可久服，久服易损元气。

粳米

冬瓜粥

原料：新鲜连皮冬瓜80克，粳米适量。

制法：冬瓜洗净切小块，同粳米煮为稀粥。

用法：每日早、晚食用，10日为1个疗程。

功效：去湿降脂，减肥轻身。可有效改善肥胖症。

蒸鲤鱼

原料：鲤鱼1尾（1000克以上），赤小豆100克，葱、姜、胡椒、盐各适量。

制法：鲤鱼清理干净，将赤小豆洗净，塞入鱼腹，再将鱼放入砂锅，另加葱、姜、胡椒、盐，灌入鸡汤，上笼蒸1.5小时即成。

用法：佐餐食用。

功效：行气健胃，醒脾化湿，利水消肿，减肥轻身。

赤小豆

荷叶茶

原料：荷叶9克，绿茶3～5克。

制法：荷叶和绿茶用沸水冲泡。

用法：代茶饮。每日1剂。

功效：减肥瘦身。

荷 叶

五加皮酒

原料：五加皮30克，清酒800毫升。

制法：五加皮切细，用清酒浸渍10日。

用法：温服1杯，每日3次。

功效：可减肥瘦身，延缓衰老，聪耳明目。

五加皮

绿豆粥

原料：绿豆、粳米各50克。

制法：将绿豆淘净，加水煮熟，再加入洗净的粳米煮成粥。

用法：早、晚各食1次。

功效：利水消肿，清暑解毒，减肥。

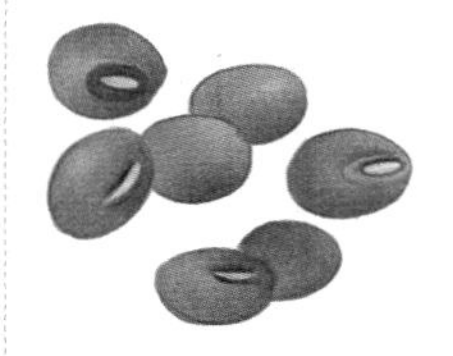

绿 豆

海带决明茶

原料：海带9克，决明子12～15克。

制法：海带和决明子加水共煎煮。

用法：吃海带，饮汤，佐餐食用。

功效：减肥轻身。

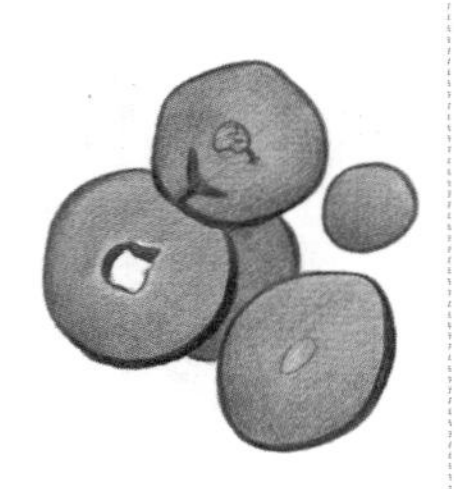

桑 枝

桑枝青柿饮

原料：桑枝30克，青柿1个。

制法：将桑枝和青柿加水煎煮。

用法：每日1剂，分2次服。

功效：减肥轻身。

决明子

决明子茶

原料：决明子6克，茶叶3 ~ 5克。

制法：决明子和茶叶用沸水冲泡。

用法：代茶饮，每日1剂。

功效：减肥轻身。

玉米须

玉米须茶

原料：玉米须、茶叶各适量。

制法：玉米须和茶叶放入杯中用沸水冲泡。

用法：代茶饮，每日1剂。

功效：减肥瘦身。

桑枝茶

原料：桑枝适量。

制法：桑枝加水略煎或用沸水冲泡。

用法：代茶饮，每日1剂。

功效：减肥轻身。

粳 米

赤小豆粥

原料：赤小豆、粳米各100克。

制法：赤小豆浸泡4小时，同粳米一起入锅内，加适量水，用小火煮粥。

用法：佐餐食用。

功效：利水消肿，除湿解毒。适用于肥胖症。

美胸丰胸

丰满健美的乳房对女性的体形、身体以及自我意识都是非常重要的。

女性乳房发育是在青春期开始的。正常发育健康的乳房呈半球形，丰满富有弹性，两侧乳房基本上是对称的。但部分女性因某些原因，出现乳房平坦、体积小、乳头不能突出，甚至乳头凹陷等问题。

中医认为，乳房发育不好多由脾胃功能低下、气血不足所致。脾为后天之本，气血生化之源。脾胃健，气血盛，则肌肉丰腴，肢体劲强，乳房坚挺；反之，则身体消瘦，肢软力乏，乳房下垂。因此可用健脾益气、开胃消食的老偏方来美胸丰胸。

小米汤

原料：小米适量。

制法：小米洗净，加适量清水煮成稀粥，取其表面厚汤。

用法：每日1次，长期食用。

功效：滋阴，补肾，丰乳，健美肌肤。

小米

甜浆粥

原料：豆浆200克，粳米50克，白糖适量。

制法：豆浆加适量水与粳米同煮为粥，或粳米如常法煮粥，临熟时加入豆浆，继续煮至粥成，以白糖调味。

用法：每日服2次。

功效：补虚羸，强体魄。适合于体弱多病、形体消瘦者食用。

花生

养气活血汤

原料：花生、红枣各100克，黄芪20克。

制法：花生、红枣、黄芪三者一同加水煎煮。

用法：经期后连食7日。

功效：养气活血，丰胸健乳。

红枣

粳米

木瓜粥

原料：粳米100克，木瓜200克，白糖适量。

制法：木瓜去子及皮，洗净，上笼蒸熟后切小块。粳米用冷水浸泡30分钟，捞起，沥干水分。锅中加入适量清水，放入粳米，先用大火煮沸后，再改小火煮30分钟，放入木瓜块，用白糖调味，继续煮至粳米软烂即可。

用法：佐餐食用。

功效：美容，消脂，丰胸。

花生鸡爪汤

原料：鸡爪5对，花生米5克，葱、姜、盐各适量。

制法：鸡爪洗净去指甲；葱切段；姜切片。将适量清水放入锅中，再将鸡爪、葱段、姜片一同入锅，约煮30分钟放入花生米、盐，小火熬煮至熟即可。

用法：佐餐食用。

功效：美容，丰胸。

虾皮

虾皮鹌鹑蛋

原料：虾皮20克，鹌鹑蛋8个，水淀粉、盐各适量。

制法：鹌鹑蛋打入碗中，加入虾皮、盐及水淀粉拌匀，入锅隔水蒸20分钟即成。

用法：佐餐食用，每日1次。

功效：适用于气血虚弱所致乳房偏小的女性。

山药炖猪蹄

原料：山药100克，猪蹄250克，花生米、盐各适量。

制法：山药洗净，去皮切块；猪蹄洗净，切块，入沸水汆烫。将山药块、猪蹄块、花生米放入砂锅中，加盐及水，用中火炖至猪蹄烂熟即成。

用法：佐餐食用。

功效：丰胸。

山药

第三章

解决皮肤困扰，寻回女性容颜美

皮肤病不仅危害健康，而且影响美观，给患者带来很大的困扰，也使很多女性朋友苦不堪言。但是，只要能找对病因，使用偏方对症治疗就能减轻这种困扰，让每位女性都能绽放迷人的光彩。

神经性皮炎

神经性皮炎又叫慢性单纯性苔藓，是以阵发性皮肤瘙痒和皮肤苔藓化为特征的慢性皮肤病。为常见多发皮肤病，多见于青年和老年人。

本病初发时，仅有瘙痒感，而无原发皮损，如果搔抓或摩擦，皮肤逐渐会出现粟粒至绿豆大小的扁平丘疹。患病时有时自觉症状伴有阵发性剧痒，夜晚瘙痒更加严重，会影响睡眠。搔抓后引起血痕及血痂，严重者可继发毛囊炎及淋巴炎，严重影响女性的健康和美观。

中医认为，本病多因心火内生，脾经湿热，肺经毒客肌肤腠理之间，外感风湿热邪，以致阻滞肌肤、血虚生燥、肌肤失荣，可利用偏方进行改善。

生姜

鲜姜方

原料：鲜生姜250克，白酒（50度以上）500毫升。

制法：鲜生姜切碎，放入白酒内，浸泡1周，每日振荡1次。

用法：去渣取汁，涂于患处，每日1～2次。

功效：适用于神经性皮炎。

土茯苓方

原料：土茯苓60克。

制法：土茯苓研为粗末，用纱布包好煎制。

用法：每日服1剂，早、晚各服1次。连服15剂为1个疗程。

功效：适用于神经性皮炎。

苦参

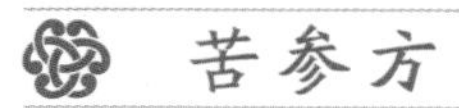

苦参方

原料：苦参200克，陈醋500毫升。

制法：将苦参放入陈醋中浸泡，备用。

用法：搽于患处，每日早、晚各1次。

功效：适用于神经性皮炎。

醋鸡蛋方

原料：鸡蛋3个，醋250毫升。

制法：将鸡蛋打入醋中，浸泡2周。

用法：搽于患处，每日1～2次。

功效：适用于神经性皮炎。

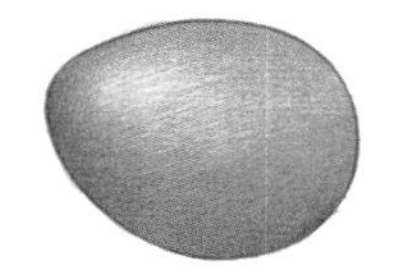

鸡蛋

野芹菜方

原料：野芹菜适量。

制法：将野芹菜揉搓成团。

用法：每日早、晚各1次，反复揉擦患处。每次2～3分钟。

功效：适用于神经性皮炎。

注意事项：皮炎急性期患者不宜揉擦，可将茎、叶捣汁外涂。

芹菜

苦杏仁方

原料：苦杏仁15克，醋250克。

制法：苦杏仁捣碎，与醋一起混合加热。

用法：热搽患处，每日1次，连用2～3日为1个疗程，隔1～2日再用第2个疗程。

功效：适用于神经性皮炎。

苦杏仁

醋方

原料：醋（瓶装陈醋为佳）500毫升。

制法：将醋放入铁锅中，煮沸浓缩至50毫升，装瓶。

用法：先将患部用温开水洗净，然后用消毒棉球蘸浓缩醋外搽。每日早、晚各1次。

功效：适用于神经性皮炎。

藕节方

原料：藕节30克。

制法：藕节加水煎煮取汁。

用法：每日2次，反复揉搽患处，每次2～3分钟。

功效：适用于神经性皮炎。

醋

土茯苓红枣汤

原料：红枣、土茯苓各30克。

制法：红枣、土茯苓二味加水煎汤。

用法：饮汤，每日2次。

功效：具有清热解毒、凉血的作用。适用于神经性皮炎。

红枣

斑蝥方

原料：斑蝥3克，3%碘酒100毫升。

制法：将斑蝥放入碘酒中，浸泡7日。

用法：用时先用1∶5000高锰酸钾溶液清洗患处，然后再涂搽药物，每日3～4次。

功效：适用于神经性皮炎。

鱼腥豆带汤

原料：鱼腥草15克，绿豆30克，海带20克，白糖适量。

制法：绿豆、海带、鱼腥草三味加水煎汤，去鱼腥草，加白糖调味。

用法：饮汤，食用绿豆、海带。每日1次，连服7日。

功效：清热解毒。适用于神经性皮炎。

鱼腥草

小贴士

1.饮食以清淡为主，多食有安神定志作用的水果和蔬菜。

2.尽量避免食用鱼虾、牛肉、羊肉、辛辣刺激性食品，忌烟酒。

3.神经性皮炎与人的精神因素有密切关系，患者要克服烦躁易怒、焦虑不安等不良精神因素，保持心情愉快。

4.内衣应宽松，材质柔软，以免刺激皮肤。

5.保护好患处皮肤，不要用过热的水及肥皂等碱性洗涤用品洗擦。

6.经常修剪指甲，感到瘙痒时不要用手搔抓，以免划破皮肤，引起皮肤继发感染。

7.尽量不要使用含激素成分的药膏，以免形成激素依赖性皮炎。

皮肤瘙痒

皮肤瘙痒指的是一种无明显原发性皮肤损害，而以瘙痒为主要症状的皮肤病。好发于老年和青壮年，多见于冬季，少数也可在夏季发病，常由于搔抓而出现明显的条状或点状抓痕、血痂等。临床上可分为全身性和局限性两种。

本病在中医里属“风瘙痒”或“痒风”的范围，多由于禀赋不足、血热内蕴、外邪侵袭、血热生风而致痒。治疗以祛风、清热、凉血、止痒、养血等为法。

海带绿豆汤

原料：海带250克，绿豆100克，白糖适量。

制法：海带洗净切碎，加绿豆和适量水共煮汤，最后加白糖调味即可。

用法：饮汤，吃海带和绿豆。每日1次，连服10日。

功效：清热，利湿，止痒。适用于皮肤瘙痒。

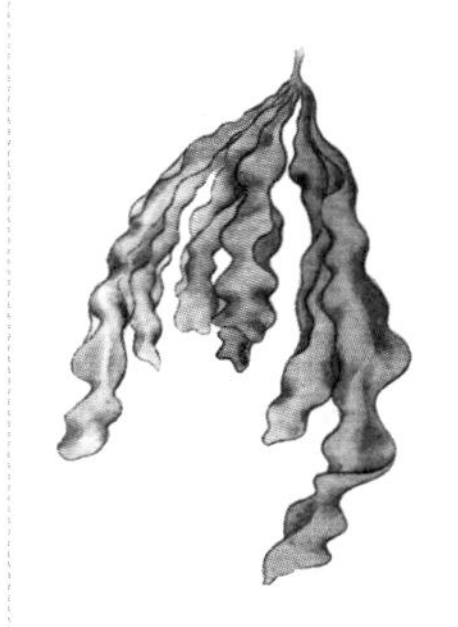

海带

花椒水

原料：花椒适量。

制法：取一些花椒加适量水煮10分钟左右。

用法：待温热后，用干净软布蘸花椒水轻轻擦皮肤瘙痒处，止痒效果很好。

功效：可止痒。

桂枝汤

原料：桂枝15克，白芍、生姜各10克，红枣6颗，炙甘草9克。

制法：将以上原料加水煎汁。

用法：每日1剂。

功效：适用于皮肤瘙痒。

桂枝

紫甘蔗皮方

原料：紫甘蔗皮、香油各适量。

紫甘蔗

制法：将紫甘蔗皮烘干研成细末。

用法：每次取适量紫甘蔗皮末加香油调匀涂于患处。

功效：适用于皮肤瘙痒、湿烂。

荆芥穗方

原料：荆芥穗30克。

制法：将荆芥穗烘干，装在纱布袋内。

用法：置于患处，用手掌来回揉搓，至患处产生热感。

功效：适用于皮肤瘙痒症。

姜桂红枣汤

原料：干姜9克，红枣10颗，桂枝6克。

制法：以上原料加水煎汤。

用法：每日1剂，连服10日。

功效：温经散寒，祛风止痒。适用于皮肤瘙痒。

四味外洗液

原料：艾叶90克，防风30克，花椒、雄黄各6克。

制法：以上四味加适量水煎约20分钟，去渣取汁。

用法：涂擦患处，每日1剂，连用3～5剂。

功效：适用于皮肤瘙痒。

艾叶

小贴士

1.应注意皮肤的合理保养，尽量避免搔抓及摩擦皮肤，不要用热水或肥皂洗浴，及时为皮肤涂抹适量润滑油膏。

2.不要穿毛织品，衣服宜宽大、松软，内衣以柔软棉织品为佳。

3.生活规律。早起早睡，保持轻松乐观的情绪，避免发怒和急躁。可以适当进行散步、打羽毛球、太极拳、练气功等活动，或种种花、养养鱼。

4.饮食宜清淡。多食新鲜蔬菜和水果，忌食易过敏或刺激性食物，如鱼、虾、蟹等。同时要戒烟酒，忌喝浓茶、咖啡，以免皮肤瘙痒加剧。

5.关注身体的健康状况，定期做检查，因为皮肤瘙痒有可能是其他疾病（如糖尿病）早期的信号，应及早找出原因，对症治疗。

脂溢性皮炎

脂溢性皮炎是一种皮脂溢出皮肤的慢性炎症，主要表现为脱发、头皮的糠状鳞屑或头面等处出现鲜红或黄红斑片，且表面有油性鳞屑或痂片。

现代医学认为，本病是由于皮脂分泌增多造成皮肤局部炎症，会给女性的容貌和形象带来很大的困扰。其发病与精神因素、饮食习惯、嗜酒、吸烟等有关。

中医认为，本病多因体内湿热内蕴、感染风邪所致。选择老偏方应以祛风清热、养血润燥、清热止痒为主。

山楂方

原料：生山楂12克。

制法：山楂水煎。

用法：每日分服。

功效：适用于脂溢性脱发。

生山楂

透骨草方

原料：透骨草45克。

制法：透骨草煎汤。

用法：熏洗头发，每次20分钟，每日熏洗1次，洗完后不要再用水冲洗头发。用药时间为4～12日。

功效：适用于脂溢性脱发。

侧柏叶方

原料：鲜侧柏叶（包括青绿色种子）25～35克，50%～60%的乙醇100毫升。

制法：侧柏叶切碎，在酒精中浸泡7日，过滤，静置，取中上层深绿色药液，备用。

用法：用棉棒蘸药液，涂擦毛发脱落部位，每日3～4次。

功效：适用于脂溢性脱发。

侧柏叶

湿疹

湿疹是一种常见的炎症性皮肤病，特点为表皮局部有剧烈瘙痒、多处损害、皮损处渗出潮湿。抓挠处会出现血痕，不但奇痒难耐，而且对于女性来说，既难受又影响美观，尤其在公共场合会非常尴尬。中医认为，湿疹是由于机体正气不足、风热内蕴、外感风邪、风湿热邪相搏、浸淫肌肤而致。

冬瓜

冬瓜莲子羹

原料：冬瓜300克（去皮、瓤），莲子200克（去皮、心），白糖适量。

制法：将莲子泡软，与冬瓜同煮成羹，待熟后加白糖调味。

用法：每日1剂，连服1周。

功效：对湿疹有辅助治疗作用。

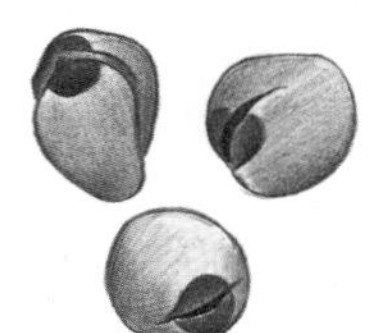
莲子

夜交藤洗方

原料：夜交藤200克，苍耳子、白蒺藜各100克，白鲜皮、蛇床子各25～50克，蝉蜕20克。

制法：将以上六味加水5000毫升，煎煮20分钟，去渣备用。

用法：趁热先熏患处，待温后用消毒纱布蘸药液洗患处。药液放阴凉处，用时煮热，每剂可连用3～5次。一般多在熏洗2小时后见效。

功效：可消肿止痒。

仙鹤草

仙鹤草洗方

原料：鲜仙鹤草250克（干品50～100克）。

制法：上药加水适量，用砂锅煎煮取汁。

用法：用毛巾或软布条浸药液烫洗患处，每日早、晚各1次，每次20分钟。

功效：适用于渗出型湿疹。

注意事项：每次烫洗前必须重新煮沸药液，烫洗后应保持患处干燥，勿接触碱性水液。

竹节菜粥

原料：竹节菜（干品30克）50克，粳米100克。

制法：先将竹节菜加水煎汤，去渣后加入粳米，然后再加水煮成粥。

用法：每日早、晚2次食用。

功效：可清热利湿，适用于湿疹。

粳米

三仁饼

原料：小麦粉200克，核桃仁15克（研碎），花生仁20克（去皮、研碎），茯苓粉100克，发酵粉、松子仁各适量。

制法：先将小麦粉、茯苓粉和匀，加水调糊状，再加入发酵粉，拌匀后将核桃仁、松子仁、花生仁撒于面团内，制成饼。

用法：当主食或者点心食用。

功效：适用于血燥型湿疹。

小麦

桂枝汤

原料：桂枝、白芍各10克，生姜3片，甘草5克，红枣2颗，防风9克，蝉蜕6克，黄芪15克，白鲜皮12克。

制法：将上药洗净，以水煎煮，取汁300毫升，备用。

用法：每日1剂，分早、中、晚3次服用。10日为1个疗程。

功效：祛风止痒，有效缓解湿疹。

注意事项：服用本方期间，停服其他相关治疗药物，而且要忌烟酒、海鲜、辛辣刺激性食物。

生姜

荆芥七叶一枝花

原料：荆芥30克，七叶一枝花、防风、大青叶、苦参各15克。

制法：取以上五味加水适量，煎煮至沸，去渣取汁，倒入盆中，备用。

用法：趁热熏洗患处，每日1～2次。

功效：祛风止痒，有效缓解湿疹。

防风

黄芪

除湿胃苓汤

原料：苍术、厚朴、陈皮、猪苓、泽泻、赤茯苓、白术、滑石、防风、川楝子、木通各3克，肉桂、甘草各1克。

制法：将上药用水煎煮，取药汁。

用法：每日1剂，空腹服用。

功效：健脾利湿。适用于脾虚型湿疹患者。

荆芥

固表消风汤

原料：黄芪30克，防风、白鲜皮、露蜂房、当归各12克，白术、荆芥、蝉衣各10克，刺蒺藜20克。

制法：将上药以水煎煮，取汁200毫升。

用法：每日1剂，分早、晚2次服用。15日为1个疗程。

功效：可祛风止痒。

牛膝

黄芪消风散

原料：黄芪18克，荆芥12克，防风、蝉衣、知母、苦参、当归、生地黄、苍术、牛膝各10克，石膏15克（先煎），木通、甘草、胡麻各6克。

制法：将上药以水煎煮，取汁200毫升。

用法：每日1剂，分早、晚2次服用。7日为1个疗程，2个疗程间隔1～2日，最多不超过4个疗程。

功效：可辅助治疗慢性湿疹。

注意事项：服用本方期间应避风，忌食辛辣、鱼腥、烟酒、浓茶。

百合

百合绿豆汤

原料：百合30克，绿豆30克，芡实、薏米、山药各15克，冰糖适量。

制法：以上前五味加水适量，大火烧开，转小火炖至熟烂，加冰糖调味即可。

用法：每日1剂，分2次服，连服数日。

功效：清热解毒，健脾利湿。适用于脾虚湿盛型湿疹。

泻心汤

原料：大黄10克，黄连、黄芩各5克。

制法：将以上药用水煎煮。

用法：每日1剂，一次饮完，连服数日。

功效：能清热除湿，对缓解湿疹状有效。

大黄

豆腐菊花羹

原料：豆腐100克，野菊花10克，蒲公英15克，盐、味精、水淀粉各适量。

制法：野菊花、蒲公英洗净后加水煎煮，取汁约200毫升，然后加入豆腐、盐、味精同煮沸，再用适量水淀粉勾芡，搅匀即成。

用法：佐餐食用。

功效：清热解毒，适用于湿疹。

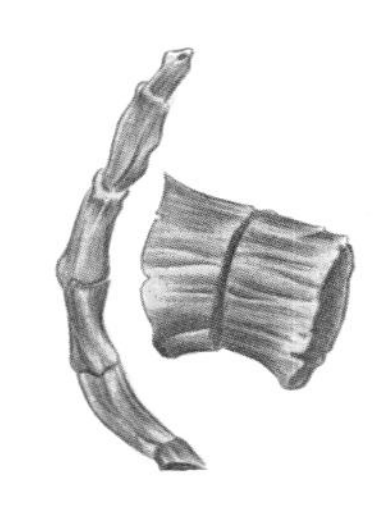

芦根

乌梢蛇汤

原料：乌梢蛇1条，猪油、盐、姜片各少许。

制法：将蛇切片煮汤，加猪油、盐、姜片少许调味即成。

用法：吃肉喝汤，每日1剂，分2次服食。

功效：祛风，除湿，解毒。适用于湿疹及风湿痹痛。

芦根鱼腥草饮

原料：鲜芦根100克，鱼腥草15克，白糖适量。

制法：将鲜芦根洗净切段，与鱼腥草同煮取汁250毫升，加适量白糖。

用法：每日1剂，分2次服用。

功效：可有效缓解湿疹感染。

鱼腥草

小贴士

在湿疹发作时，洗个温水澡会让你感到舒服。但是别泡在热水里，要用温水和中性无刺激的香皂来洗浴，沐浴的时间以皮肤出现皱纹为宜，皮肤出现皱纹表示皮肤细胞已充分吸收了水分。

痤疮

痤疮即青春痘，俗称粉刺，是青春期青少年常见的皮肤病。痤疮初起损害多为黑头粉刺，挤压时有头部为黑色、体部呈黄白色的半透明脂栓排出，皮疹顶端可有小脓疱，破溃或吸收后遗留暂时性色素沉着或小凹状疤痕，给女性朋友造成很大的困扰，所以一定要积极进行治疗。

从中医角度来看，痤疮以肺胃火盛型最为常见。这主要与日常饮食不节有关，饮食不节导致脾胃受损，肺胃郁热，上蒸颜面而形成。

出现痤疮后，只要积极寻找发病的诱因，并进行合理的治疗，痤疮消退并不困难。除了进行特殊的治疗外，还可以对症选择老偏方进行调养，抑制痤疮生长。

绿豆粉

原料：绿豆适量。

制法：绿豆研为细粉，晚上临睡前取10克绿豆粉用温水煮至糊状。

用法：冷却后敷于患处，连用数日。

功效：适用于痤疮。

绿豆

玫瑰山楂茶

原料：玫瑰花9克，山楂15克。

制法：玫瑰花洗净，山楂洗净切片，用沸水冲泡5～10分钟。

用法：代茶饮用。

功效：适合面部痤疮、皮肤瘙痒。

芦荟叶

芦荟叶方

原料：鲜芦荟叶3～5片，凡士林适量。

制法：芦荟叶洗干净，捣烂，绞成汁，加凡士林配成7%软膏。

用法：每日早、晚揉擦患部各1次。

功效：适用于痤疮。

密陀僧粉方

原料：密陀僧粉、乳汁各适量。

用法：每晚睡前，用乳汁调和密陀僧粉涂面，次日清晨洗净，连用3～4次。

功效：适用于痤疮。

密陀僧

苦杏仁方

原料：苦杏仁适量，鸡蛋清少许。

制法：苦杏仁去皮，捣碎，调入少许鸡蛋清。

用法：每晚睡前搽患处，次日早晨洗净，连用7日。

功效：适用于痤疮。

苦杏仁

菟丝子方

原料：菟丝子30克。

制法：菟丝子放入锅中，加500毫升水，煎取300毫升。

用法：待温后，外熏或外洗患处。每日1～2次，7日为1个疗程，1～2个疗程见效。

功效：适用于痤疮。

菟丝子

海带清热汤

原料：海带、绿豆、红糖各50克。

制法：将海带洗净，切段；绿豆洗净。海带段、绿豆加水1碗，煲至绿豆烂后调入红糖，搅匀。

用法：饮汤，食绿豆、海带。

功效：可改善痤疮。

半枝莲方

原料：半枝莲45克，白花蛇舌草60克。

制法：将二者洗净后加10碗水熬成5碗即可。

用法：每日1剂，代茶饮用。正常人也可以喝，每周1～2次即可。

功效：适用于痤疮。

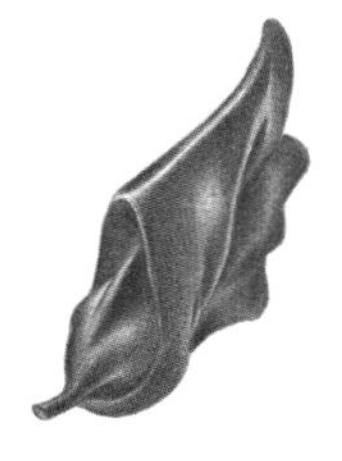

海 带

玫瑰藕粉汤

玫瑰花

原料：藕粉60克，玫瑰花（鲜品）30克，白糖15克。

制法：玫瑰花洗净，撕成瓣状；藕粉用凉水调散。锅内加入300毫升清水，先用大火烧沸，再将藕粉徐徐倒入，然后加入白糖、玫瑰花即成。

用法：饮汤。

功效：适用于女性由于血瘀而造成的肤色黯淡、粉刺、色斑等。

蜂蜜方

蜂 蜜

原料：蜂蜜3～4滴。

制法：每晚洗脸时，将蜂蜜溶于温水中。

用法：洗脸，同时轻轻按摩脸部5分钟，最后用清水洗净即可。

功效：适用于痤疮。

茵陈方

原料：茵陈30克。

制法：将茵陈放入砂锅中，加500毫升水，先浸泡15分钟，然后用小火煎煮20分钟，取汁350毫升。

用法：分2次口服，10日为1个疗程。

功效：适用于痤疮。

小贴士

1.忌食高脂类食物，如猪油、牛油、羊油、奶油、肥肉、猪脑、羊脑、牛脑、猪肝、猪肾、鸡肝、鸡蛋黄等；忌食腥发之物，特别是海产品，如海鳗、海虾、海蟹、马面鱼、带鱼等；忌食高糖、辛辣刺激性食物；禁酒，特别是白酒。

2.宜用水溶性液态化妆品，忌用油脂类或粉质化妆品。一般应在外用痤疮药物20～30分钟后再使用化妆品。

3.精神因素也是加重痤疮的诱因，因此要时刻保持乐观、自信的心态，多做一些让自己心情愉快的事情。

雀斑

雀斑是常见于面部的褐色点状色素沉着。雀斑的形成可能与日光或紫外线、放射线的照射有关，也与染色体显性遗传有关。本病好发于皮肤白皙的年轻女性。

雀斑大的像绿豆小的似针尖，有的聚集在一起，有的分散于满脸。雀斑往往有明显的季节变化，冬天雀斑数量较少，颜色亦淡；夏天如遇日光曝晒，雀斑数量就会增多，颜色也会变深。

中医认为，经脉不通，导致瘀血内停，阻滞不畅，心血不能到达皮肤颜面，营养肌肤，而皮肤中的代谢垃圾、有害物质和黑色素也不能随着人体的正常新陈代谢排出去，逐渐沉积就形成了雀斑。

很多食物、药物对雀斑有一定的调理作用，可以对症选择相应的老偏方来调理。

茄子方

原料：茄子适量。

制法：茄子洗净，切成小片。

用法：外擦面部。

功效：适用于雀斑。

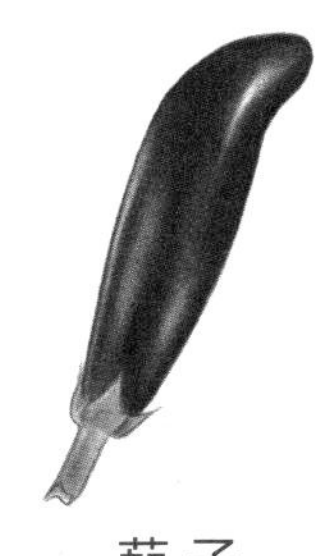

茄子

茯苓方

原料：白茯苓、白蜜各适量。

制法：白茯苓研为细末，加白蜜调和。

用法：每晚睡前敷面，晨起洗净，7日为1个疗程。

功效：适用于雀斑。

玉簪花方

原料：玉簪花适量。

制法：玉簪花于清晨采摘，绞取汁液。

用法：每日涂面。

功效：清热解毒，消肿去斑。

玉簪花

天冬方

原料：天冬、蜂蜜各12克。

制法：天冬洗净捣烂，水煎，去渣，待汁液温热时加入蜂蜜调匀。

用法：每日洗脸。

功效：适用于雀斑。

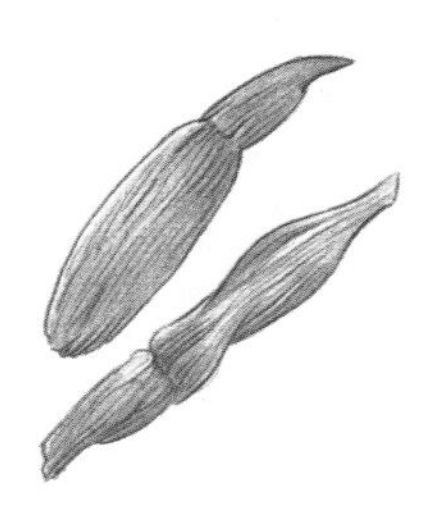
天冬

苍耳子方

原料：苍耳子适量。

制法：苍耳子焙干，研为细末。

用法：饭后用米汤送服。每次3克，每日3次。

功效：适用于雀斑。

蜂蜜

牵牛散

原料：黑牵牛50克，鸡蛋清适量。

制法：黑牵牛研为细末，加鸡蛋清调匀。

用法：涂于面上，夜涂晨洗。

功效：适用于雀斑。

樱桃

樱桃方

原料：樱桃15颗。

制法：樱桃洗净，放入榨汁机中榨汁。

用法：将汁液涂于面部。每日2～3次。

功效：淡化雀斑。

柠檬

柠檬饮

原料：新鲜柠檬、白糖各适量。

制法：将柠檬洗净、切片，然后加白糖，放于有盖的瓶内储存2周。

用法：每日取1片，用常温水冲泡。此方可以长期饮用。

功效：淡化雀斑。

西红柿汁方

原料：西红柿汁、蜂蜜各适量。

制法：取部分西红柿汁和蜂蜜调匀。

用法：每日早、晚洗脸后，涂上西红柿汁，保留20分钟后洗掉，再将西红柿蜂蜜糊涂于脸上，片刻后洗净即可。

功效：适用于雀斑。

西红柿

合欢花茶

原料：合欢花6克，白糖适量。

制法：合欢花洗净，放入茶杯，用沸水冲泡。

用法：代茶饮，每日2～3次。

功效：用于气血虚弱、肝郁气滞引起的雀斑。

白 糖

白术方

原料：白术、醋各适量。

制法：将白术用醋浸透，研成细末。

用法：每日早、晚洗脸后涂在脸上。

功效：适用于雀斑。

淘米水方

原料：淘米水适量。

用法：先用洁面乳清洗脸部，然后用淘米水按摩肌肤3分钟，再用温水清洗。

功效：可预防雀斑。

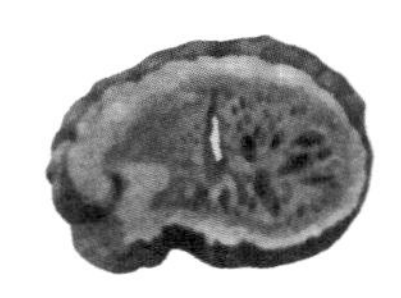

白 术

小贴士

1.多食富含维生素C和维生素E的食物以抑制色素斑点的形成。也可以口服维生素C，以稀释黑色素，使黑色素逐渐消失。

2.适当减少盐的摄入，饭后喝点茶水有助于将盐分排出体外。

3.尽量避免日光曝晒。雀斑多发生在曝光部位，日光中的紫外线照射是雀斑的诱因之一。

黄褐斑

黄褐斑又叫肝斑、蝴蝶斑，是一种常见的色素沉着性疾病。黄褐斑多与内分泌失调有关，常见于生殖期的女性。

黄褐斑临床表现为面部出现淡褐色或黄褐色斑，边界较清，形状不规则，对称分布于眼眶附近、额部、眉弓、鼻部、两颊、唇及口周等处，无自觉症状。

中医认为，本病主要与肝、脾、肾三脏功能失调关系密切。对症使用老偏方会取得不错的效果。

枸杞子菊花茶

原料：菊花17克，枸杞子10克。

制法：将菊花、枸杞子分别洗净，放入茶杯中，加沸水冲泡，再加盖闷泡约20分钟即可。

用法：每2～3日喝1次。

功效：疏肝理气，可以减少由肝气郁结所形成的黄褐斑。

菊花

柿叶膏

原料：青嫩柿叶、凡士林各适量。

制法：柿叶晒干，研为细末，加入溶化的凡士林中，搅拌成膏状。

用法：使用时涂于患处即可，一般1个月左右可见效果。

功效：适用于黄褐斑。

黑豆

黑豆丸

原料：黑豆5千克，猪油适量。

制法：将黑豆洗净，制成酱，待酱色变成黄色后，捣成细末，用猪油炼成丸子。

用法：每次50～100丸，温水送服。

功效：适用于黄褐斑。

黄精酒

原料：黄精100克，米酒2500毫升。

制法：将黄精泡入米酒中。

用法：1周后服用。每次50毫升，每日1～2次。

功效：适用于黄褐斑。

黄精

合欢绿茶

原料：合欢花5克，绿茶适量。

制法：先将合欢花择洗干净，与绿茶一起用沸水冲泡。

用法：代茶饮。

功效：适用于黄褐斑。

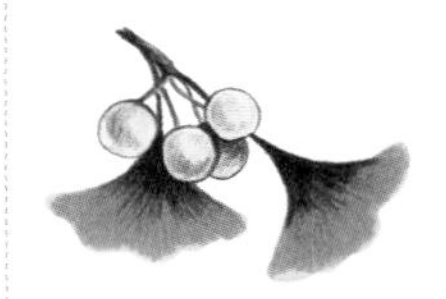

白果

白果方

原料：白果适量。

制法：先将白果去掉外壳，捣烂如泥，再取其浆液。

用法：将浆液涂于面部。

功效：适用于黄褐斑。

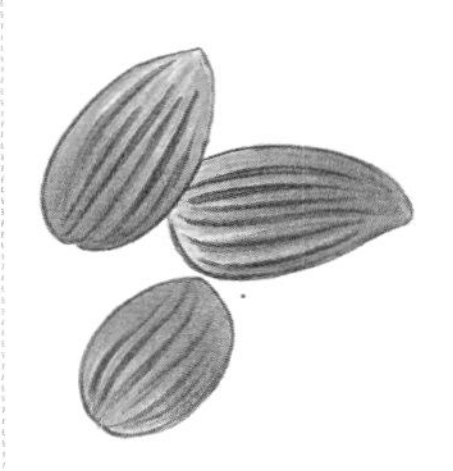

杏仁

瓜瓤方

原料：瓜蒌瓤90克，杏仁10克，猪胰1具。

制法：将瓜蒌瓤、杏仁、猪胰一起捣烂如泥。

用法：每晚涂于患处，连用10日。

功效：适用于黄褐斑。

小贴士

1.宜多吃新鲜水果、蔬菜，保证维生素C的摄入量；多吃富含谷胱甘肽的食物，如西红柿等，这些食物可以减轻黄褐斑。

2.少吃油腻、不易消化的食物，少喝浓茶、咖啡。

3.保持良好的心境、愉快的情绪，避免忧心忡忡、精神萎靡不振。

4.如果是因为紫外线的强烈照射而引起的黄褐斑，就要采取相应的防晒措施。

手癣

手癣又称为鹅掌风，是由浅部真菌感染所引起。多因搔抓患有癣病的足部传染而致或甲癣蔓延而致。手癣的病原菌与足癣基本相同，双手长期浸水和摩擦受伤及接触洗涤剂、溶剂等是手癣感染的重要诱因，所以手癣在某些行业中发病率相当高。患者以青年和中年女性为多，其中许多人有戴戒史。

手癣发病时，手掌局部有边界明显的红斑脱屑、皮肤干裂，甚至整个手掌皮肤肥厚、粗糙、皲裂、脱屑。

中医认为，手癣因外感湿热之毒，蓄积皮肤而致；或由相互接触，毒邪相染而成；亦可由脚湿气传染而得。采用合适的老偏方可以有效改善手癣。

蒜

独头蒜方

原料：独头蒜1个。

制法：独头蒜剥皮，在蒜上扎一些小孔，然后在患掌内反复捏揉。

用法：每1～3日换1个，至痊愈。

功效：适用于手癣。

松针方

原料：鲜松针500克。

制法：将松针加水煎煮，滤汁备用。

用法：待温度适宜时浸泡患掌，每次15～20分钟。每日2次，连续浸泡2～3日。

功效：适用于手癣。

鱼腥草

鱼腥草方

原料：鱼腥草、葱各30克。

制法：将鱼腥草、葱一起捣烂，揉成一团。

用法：两手反复搓揉鱼腥草葱糊。每次10～15分钟，每日搓2～3次，连搓5～7日。

功效：适用于手癣。

杨树叶方

原料：白杨树嫩叶适量。

制法：将杨树嫩叶搓出黄水。

用法：取黄水涂擦在患处，直至皮肤发红。每日1次。

功效：适用于手癣。

葱

仙人掌方

原料：仙人掌适量。

制法：仙人掌去皮、刺，洗净，捣烂，用生白布拧汁。

用法：取汁涂患处。每日2～3次。

功效：适用于手癣。

仙人掌

蓖麻叶方

原料：鲜蓖麻叶适量。

制法：将蓖麻叶揉软。

用法：擦患掌，至叶软汁尽。

功效：适用于手足癣。

皂角方

原料：大皂角4个，陈醋250克。

制法：大皂角连子压碎，然后放入陈醋里煮沸。

用法：如患掌痛重，应该只熏别洗；如患掌痒重，可先熏后洗。

功效：适用于手癣。

蓖麻

小贴士

1.饮食宜清淡，多吃一些新鲜蔬菜和水果。

2.忌鱼、蟹、虾等海鲜；忌辣椒、芥末等发物；忌烟酒。

3.手部因经常接触水，因此局部涂药次数应增加，特别是洗手之后要加搽软膏或霜剂。

4.手部多汗和损伤往往是手癣最常见的诱因之一，平时要减少对手部皮肤的不良刺激。

臭汗症

臭汗症也称腋臭、狐臭，是分布在体表皮肤如腋下、会阴、背上的大汗腺分泌物中产生散发出的一种特殊难闻的气味，这让女性朋友苦不堪言。中医认为本病多与先天禀赋有关，承袭父母腋下秽浊之气，熏蒸于外，从腋下而出；或因过食辛辣厚味之品，致使湿热内蕴；或由天热衣厚，久不洗浴使津液不能畅达，以致湿热秽浊外壅，熏蒸于体肤而引起。为了让女性朋友都成为清爽美人，特意介绍一些可以缓解臭汗症的偏方。

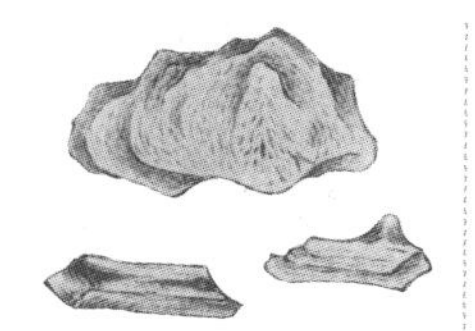

滑石

二石冰片方

原料：滑石70克，炉甘石15克，密陀僧10克，冰片5克。

制法：把以上四味共研细末，备用。

用法：温水洗净患处，再用药末干擦患处，每日2～3次，直至痊愈。

功效：适用于臭汗症。

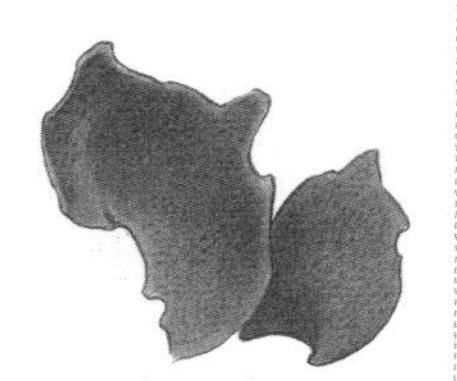

陈皮

川椒陈皮按摩方

原料：川椒、陈皮、枯矾、白芷各6克，冰片0.5克。

制法：将前四味药共研细末，加入冰片，研成极细末，装入小瓶中备用。

用法：将腋臭部位用温水洗净、擦干，再将细纱布撒上药末，在腋窝处反复揉擦按摩。每日2～3次，10日为1个疗程。

功效：有效改善臭汗症。

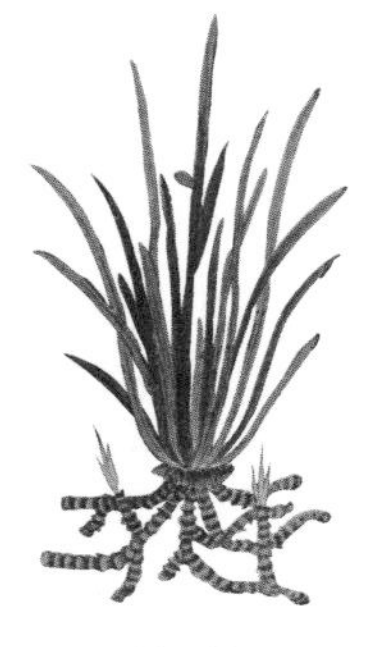

菖蒲

枯矾菖蒲樟脑方

原料：枯矾10克，樟脑、菖蒲各15克，公丁香、母丁香各3克。

制法：先将枯矾和樟脑研为细末，然后将菖蒲、公丁香、母丁香水煎取汁。

用法：用药汁洗腋下，再用药末擦于腋下，7日为1个疗程。

功效：适用于臭汗症。

生地麦冬饮

原料：乌梅、浮小麦、生地黄、麦冬各20克，五味子、石斛各12克，煅牡蛎20克（先煎），牡丹皮10克，茯苓15克，竹叶10克，甘草5克。

制法：将上药以水煎煮，取药汁。

用法：每日1剂，分2次服用。

功效：可有效缓解臭汗症症状。

麦冬

祛湿除臭散

原料：紫丁香、冰片各2份，升药（又名三白丹、三仙散、小升丹等）、滑石各3份，明矾（或枯矾）、石膏各5份。

制法：将上药共研细末，装瓶备用。

用法：每日早、晚用肥皂水洗患处，撒上药粉，或取一纱袋，内装本剂，夹系在腋下。

功效：可有效缓解臭汗症症状。

丁香

田螺巴豆方

原料：大田螺、巴豆各1个。

制法：田螺张开壳后，将巴豆放入其中，放在一个杯子中，夏天1夜，冬天7夜，就会流出水。

用法：从杯中取水擦腋下。

功效：清热、杀虫，可治疗臭汗症。

田螺

七香绛囊

原料：甘松香21克，檀香、沉香、麝香各1.5克，零陵香15克，藿香24克，丁香3克。

制法：将甘松香捣碎研细，然后依次加入檀香、沉香、零陵香、藿香、丁香，研细研匀，最后加入麝香，和匀，装入绢袋内，备用。

用法：佩戴于内衣中。

功效：芳香除臭，有效缓解臭汗症。

甘松香

金银花

枇杷叶绿豆汤

原料：金银花20克，枇杷叶30克，绿豆50克，白糖适量。

制法：将金银花、枇杷叶加适量清水，用小火煎汁，去渣，加入绿豆煮成汤，加白糖调味。

用法：每日1剂，分2次服用。

功效：适用于肺胃热盛型臭汗症。

蜜糖银花露

原料：金银花、白蜜各30克。

制法：将金银花加300毫升清水用小火煎汁去渣，冷却后加入白蜜调匀即可。

用法：每日1剂，3～4次服完。

功效：适用于热盛型臭汗症。

生姜

姜汁方

原料：嫩生姜适量。

制法：将生嫩姜洗净、捣碎，用纱布绞取汁液。

用法：将姜汁涂于腋下，每日数次。

功效：消除臭汗症。

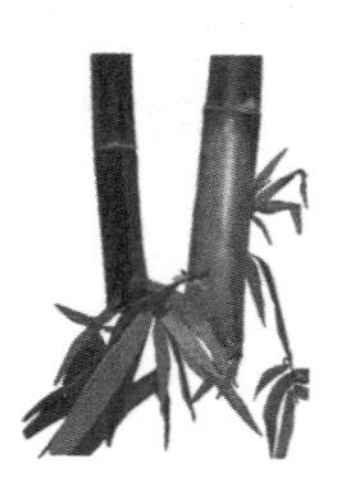

竹叶

汤浴方

原料：鲜竹叶30克，桃皮12克。

制法：将二者水煎取汁，放入澡盆中。

用法：沐浴即可。

功效：适用于臭汗症。

小贴士

臭汗症患者平时应多吃富含水分的蔬果类，如西瓜、冬瓜、生菜、白菜和橙子等高纤维素、水分多的食物。

足癣

足癣又叫脚气、脚湿气，是指发生在趾掌面的真菌性皮肤病。足癣的症状为脚趾间起水疱、脱皮或皮肤发白湿软、糜烂，或皮肤增厚、粗糙、开裂，可蔓延至脚底及脚背边缘，剧痒。治疗不及时，真菌还可能蔓延到其他部位，如引起手癣和甲癣等，皮肤被抓破后还有可能继发细菌感染，引起严重的并发症。女性朋友应引起重视。

中医认为，本病多因脾胃湿热循经下注于足而发足癣，或由湿热生虫，或疫行相染所致。因此，老偏方选择应以清热、解毒、利湿为主。

大蒜方

原料：大蒜、白醋各500克。

制法：将大蒜切碎，捣烂，然后在白醋中浸泡2～3日。

用法：每日把患足泡入蒜醋液中，次数不限。每次20～30分钟。

功效：适用于足癣。

蒜

黄精方

原料：黄精、酒精各适量。

制法：黄精捣烂，于酒精中浸泡48小时，加水蒸去酒精，滤去渣。

用法：涂搽患处。

功效：适用于手足癣。

黄精

冬瓜皮方

原料：冬瓜皮（干者为佳）50克。

制法：冬瓜皮熬汤。

用法：趁热先熏后洗。每日1次。

功效：适用于足癣。

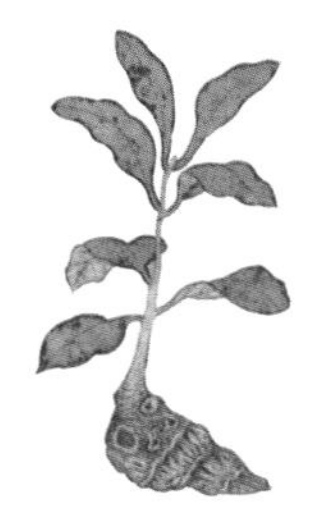

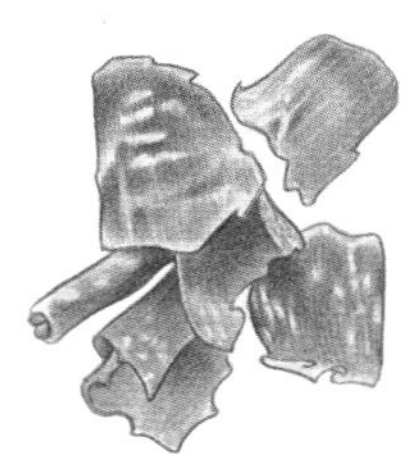

冬瓜皮

花椒

大蒜花椒方

原料：大蒜5～6瓣，花椒10粒。

制法：花椒炒焦后，碾压成面（粉），和大蒜一起捣成糊状。

用法：先将患处用温水洗净，再把大蒜花椒糊敷在患处。隔日1次，每次敷20～30分钟，大蒜、花椒糊上可出现黄水。

功效：适用于水疱型、趾间糜烂型、鳞屑型足癣。

苦参方

原料：苦参20克，干姜4～6片。

制法：将苦参、干姜一起水煎，熬30分钟。

用法：药汁去渣，倒入盆内，加入适量开水，待水温适宜后，把患足置于盆内浸没。每晚浸泡15分钟，4～7日可愈。

功效：适用于足癣。

苦参

鳝鱼骨方

原料：生鳝鱼骨100克，冰片3克，香油适量。

制法：将鳝鱼骨烘干，研为细末，冰片研为细末，将两者与香油一起调匀。

用法：敷患处，每日1次，一般3～4次即愈。

功效：适用于手足癣。

干姜

芦荟叶

原料：芦荟叶适量。

制法：削掉芦荟两侧的刺，从中间剖开。

用法：用剖面反复擦脚气创面，也可以用芦荟汁涂患处。

功效：适用于手足癣。

小贴士

1.保持足部清洁与干燥。每天用温水洗脚，洗完脚后擦干脚趾间的水分。尽量穿透气性能好的鞋以及易吸汗的纯棉袜子。

2.不要使用公用的拖鞋、脚盆、浴巾等，鞋袜、毛巾要定期消毒灭菌。

鸡眼

鸡眼是足跖或足趾因长期被挤压或摩擦而引起的，如长期穿过窄的鞋，或足部有畸形，挤压或摩擦力大的部位，导致皮肤的角质增生，形成嵌入皮内的圆锥形角质栓。而其露在皮外的部分很像鸡眼故而得名。

鸡眼表面扁平、颜色淡黄、境界清楚、质地较硬、尖端深入真皮乳头层。行走或站立时因压迫感觉神经末梢而发生疼痛。如果不及时治疗会对女性的形体产生不良影响。

中医认为，鸡眼是由于足部长期受压，气血运行不畅、肌肤失养、生长异常所致。对于鸡眼来说，可以选择合适的老偏方来消除它。

半夏茎方

原料：半夏茎适量。

制法：半夏茎晒干，粉碎，备用。

用法：将鸡眼在温水中泡软，削去角化层，放上生半夏粉，并用胶布固定住。一般6日左右即脱落，未脱落者可继续敷药。

功效：适用于鸡眼。

半夏

韭菜叶方

原料：鲜韭菜叶适量。

制法：将韭菜叶揉汁。

用法：内服，每日3次，另隔日1次，用韭菜汁涂抹鸡眼。

功效：适用于鸡眼。

韭菜

生芋方

原料：生芋适量。

制法：生芋切片。

用法：摩擦患处，每次擦10分钟左右，每日3次。

功效：适用于鸡眼。

生芋

白术

麻防薏米汤

原料：麻防、炒杏仁各15克，防己、薏米、白术各30克，甘草10克。

制法：以上原料加水煎取250毫升。

用法：每日1剂，分2次温服。

功效：益血生肌。适用于鸡眼。

鸡蛋

醋蛋方

原料：鸡蛋3个，醋适量。

制法：将鸡蛋泡进醋里，密封7日，然后捞出煮熟吃。

用法：一般5～6日后，鸡眼里即长出嫩肉，把患处逐渐顶高。这时每天临睡前用热水将患处泡软，再用刀刮去硬皮，持续若干天，鸡眼即可全部脱落。

功效：适用于鸡眼。

蒜

蒜汁方

原料：大蒜1头。

制法：将蒜切开，把蒜汁涂在鸡眼上，然后将脚放在温水中泡1小时以上。

用法：把鸡眼周围的硬皮泡软，用剪刀剪去，露出一个小黑点，然后再在这个黑点上涂上蒜汁。

功效：适用于鸡眼及鸡眼引起的疼痛。

五倍子

五倍樟脑散

原料：五倍子50克，樟脑30克，肉桂、血竭花、丁香各10克，轻粉5克，咸鱼眼100个。

制法：将五倍子、樟脑、肉桂、血竭花、丁香、轻粉、咸鱼眼炮制后，共为细末，装瓶备用。

用法：先用温水泡洗患处，用刀片剥去角化层，敷上药散，胶布固定，每7日换药1次。

功效：活血拔核。适用于鸡眼。

黑木耳方

原料：挑厚一点的黑木耳适量。

制法：将其泡开，用刀片剖开，贴在鸡眼上。

用法：外面用纱布或胶布固定，干了之后更换，连续使用7日。

功效：适用于鸡眼。

黑木耳

万年青叶方

原料：万年青叶适量。

制法：将万年青叶捣烂。

用法：贴于患处。

功效：适用于鸡眼。

葱白方

原料：葱白1根。

用法：剥下葱白近根部白色茎上的最外层薄皮，贴在鸡眼上，并用胶布加以固定。反复几次之后，鸡眼周围的皮肤会发白、变软，最后会自己脱落下来。

功效：适用于鸡眼。

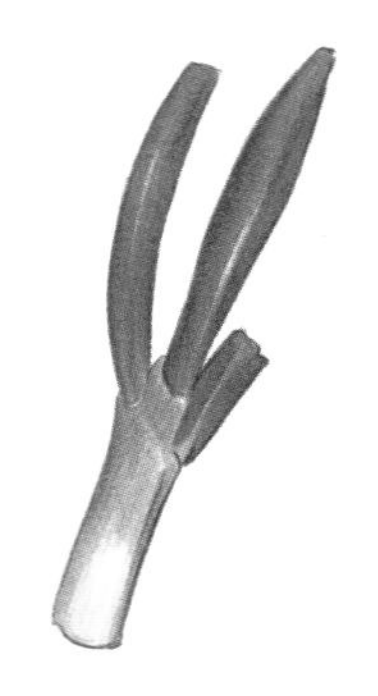

葱

乌梅肉方

原料：乌梅肉适量，醋、盐各少许。

制法：乌梅肉中加入醋，捣烂，加入盐水，调成软膏。

用法：洗脚后，削去角质层，用膏贴患处，外敷纱布，用胶布固定。

功效：适用于鸡眼。

乌 梅

小贴士

1.养成每日晚上热水泡脚的习惯，泡脚时可以用温肥皂水或者是比较滋润的沐浴露，这不仅能软化皮肤，还能彻底去除深层污垢。

2.当感觉到自己的脚部某一部位受到挤压和摩擦时，应及时选用鸡眼垫、顺趾器、分趾器等支具，以减轻摩擦和挤压足部。

灰指甲、甲沟炎

灰指甲又称为甲癣，是甲部常患的疾患，占甲病的半数以上。指（趾）甲均可发病，趾甲更易罹患。多发于糖尿病并发免疫低下、营养不良、年迈等人群。有美甲习惯的年轻女性比较容易罹患。

灰指甲一般无自觉症状，合并甲沟炎时可出现疼痛、瘙痒等。病甲会出现颜色、形状、质地的改变。如甲变厚、变形、小凹、失去光泽等，有时会成“钩”状，有时可变成“喇叭”状。颜色改变视不同菌种而异，最常见的颜色为灰黄色，后者也是“灰指甲”的来历。

花椒蒜醋

原料：花椒20克，大蒜100克，醋500毫升。

制法：将大蒜剥皮捣碎，与花椒一起放入装醋的瓶子里浸泡3～4天。

花椒

用法：热水泡脚10分钟以上，用小刀将患甲稍微削薄，然后把患甲放到花椒酸醋中浸泡15分钟，最后用棉花蘸花椒蒜醋包裹患甲，1个月为1个疗程。

功效：杀菌消炎，保护双手，改善灰指甲。

大黄方

原料：大黄适量。

制法：生大黄烘干，研末备用。

用法：用时以醋调匀，外敷患处，每日或隔日清洗后更换。

功效：治疗甲沟炎。

注意事项：大黄粉调醋外敷，具有活血祛瘀、抑菌消炎、收敛和消除局部炎性水肿的作用。对治疗甲沟炎有一定的作用，但对嵌甲较重或并发甲下积脓者，尚需结合手术拔甲治疗。

大黄

醋泡蒜方

原料：醋精、大蒜各适量。

制法：将醋精倒入洗净的小罐头瓶中约2/3，再将大蒜捣成糊状放入瓶中，放置3日后即可使用。

用法：将灰指甲浸泡在醋蒜水中，每次10分钟左右，每日2～3次，15日即可痊愈。

功效：适用于灰指甲。

蒜

食醋方

原料：白醋适量。

制法：将食用白醋倒一些在塑料手套内，再把患手套入手套里，再用橡皮筋把手套口扎起来。

用法：每日泡3～5个小时，3日后症状就会有所改观。一般1～2个月后灰指甲就可自行消失。

功效：适用于灰指甲。

醋

半边莲

原料：半边莲鲜全草、雄黄各1千克，白酒若干。

制法：将半边莲鲜全草切碎，和雄黄一起倒入白酒中，其量以刚浸没鲜草为宜，拌匀压实贮藏至少1个月。

用法：用时取本药适量捣烂，敷患处，再用塑胶薄膜进行包扎，每8～12小时换药1次。

功效：治疗甲沟炎。

雄黄

烟叶方

原料：烟叶（大而厚者佳）1块，生理盐水、盐各适量。

制法：鲜烟叶去净泥沙，加盐少许同捣烂即成。用前先将患处用生理盐水冲洗，如有脓必须把脓排出，冲洗干净，再敷上捣制好的烟叶，用纱布包好。

用法：早晚各换1次药。

功效：治疗甲沟炎。

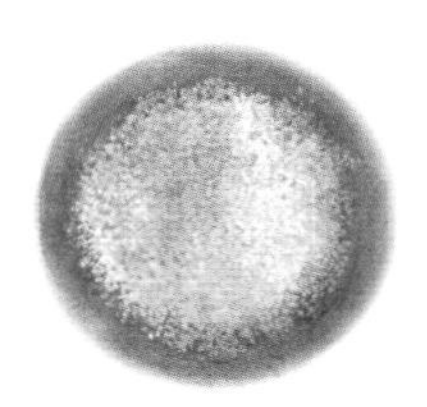

盐

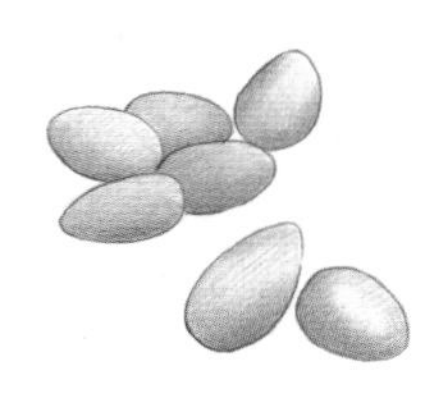

糯米

大蒜糯米方

原料：大蒜、糯米饭各适量。

制法：将二者拌匀捣烂。

用法：涂在指甲上。每24小时更换一次。

功效：可治疗灰指甲和疥癣。

醋浸白芷方

原料：白芷90克，醋500毫升。

制法：上二味一同煎取浓汁，将灰指甲放在白芷醋汁中，浸泡30分钟。

用法：每日1次。

功效：解毒杀菌。

白芷

烟丝醋方

原料：香烟2支，醋60毫升。

制法：从香烟中取出烟丝，泡入醋中，浸泡两日。

用法：将手指插入醋液中浸泡，每次10分钟，每日浸泡2次。

功效：适用于灰指甲。

艾灸方

制法：先用刀片刮除病甲表层，然后点燃艾条在病甲上熏灸，注意调节艾火与病甲的距离，以免烫伤周围皮肤。

用法：每次灸15～20分钟，每天灸3～4次。一般连续灸15～20天。灸后病甲无须包裹，可照常进行日常活动。

功效：治疗灰指甲。

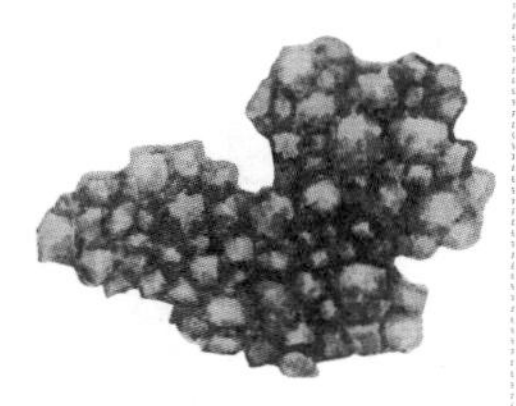

无名异

无名异方

原料：无名异适量。

制法：无名异磨成细末，加菜油或醋调成糊状，敷包患处。

用法：每日换1次。一般1日止痛，2～3日自行排脓，4～5日消肿收口。

功效：治疗甲沟炎。

第四章

告别女性常见病症，美容颜保健康

女性的一生可能会和各种妇科疾病打交道，如外阴疾病、阴道疾病、子宫疾病、输卵管疾病、卵巢疾病等。这些病症时常困扰着女性，让她们容颜日渐憔悴。作为女性，应该更加关注自身健康，学会与疾病和谐相处，做一个健康、美丽、自信的女人。

经前期综合征

在月经前出现烦躁、易怒、失眠等一系列症状，而在月经后又消失，叫经前期综合征。此类症状多见于35岁以上的女性，多伴有不孕症、月经失调。仅少数患者症状较重，影响工作和生活。

本病常在经前1周开始，逐渐加重，至月经前最后2～3日最为严重，经后突然消失。常见的症状有精神紧张、神经过敏、烦躁易怒或忧郁、全身无力、容易疲劳、失眠、头痛、思想不集中等。还有的患者会出现手、足、脸水肿。

中医认为，肝郁气滞、肾水不足是本病发生的根本原因。可以对症使用老偏方调理。

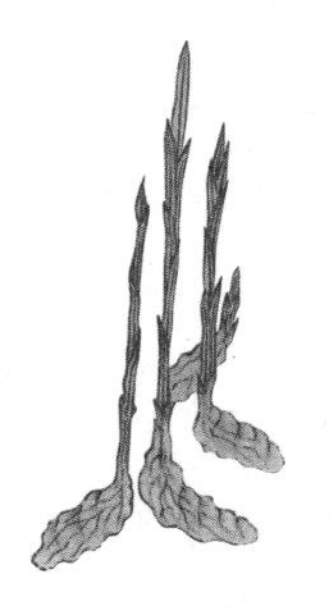

天麻

天麻猪脑羹

原料：猪脑1个，天麻10克。

制法：猪脑洗净，天麻蒸软切片，一同入锅中，加适量清水，大火煮沸后用小火炖60分钟成羹，去药渣，晾温。

用法：饮汤，食猪脑，经常食用。

功效：适用于经前或经期偏头痛及神经性头痛。

桑葚奶茶

原料：鲜桑葚50克，鲜牛奶200毫升。

制法：桑葚洗净、晒干，放杯中，用沸水冲泡，加盖闷15分钟。将牛奶入锅中煮沸后，倒入冲泡桑葚的杯中，拌和均匀。

用法：每日1剂，上、下午分服。

功效：养肝，补血，定眩。适用肝血不足引起的经前眩晕。

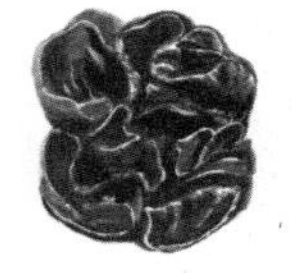

黑木耳

黑木耳炖豆腐

原料：黑木耳30克，豆腐1块。

制法：黑木耳和豆腐加水共炖汤服用。

用法：每日1剂。

功效：可缓解经前易怒、烦躁。

川芎煮鸡蛋

原料：川芎10克，鸡蛋2个。

制法：将川芎与鸡蛋加水共煮，鸡蛋煮熟后，去壳再煮20分钟即可。

用法：吃蛋饮汤。每月于经前10日开始服，经净停服。

功效：适用于经前期综合征。

鲤鱼

鲤鱼萝卜饮

原料：鲤鱼1条（约500克），白萝卜120克。

制法：鲤鱼去鳞及内脏，清洗干净；白萝卜去皮，切块；将二者一起放入锅中，加水煮熟。

用法：取汁代茶饮，萝卜和鱼均可吃。每日1剂，经前1周开始服用。

功效：适用于经前水肿及腹泻。

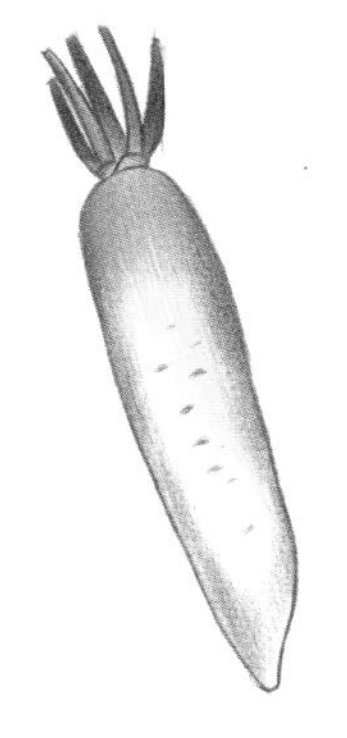

白萝卜

脐疗法

原料：石菖蒲、远志各20克，三七10克，丹参12克，红花8克，香附6克，40度白酒适量。

制法：上述前六味一起研为细末，用白酒调成稠膏状，填满肚脐，用胶布固定。

用法：每晚换药1次，连续10日为1个周期，3个月为1个疗程。每月经前1周开始服用。

功效：活血化瘀，通络安神，改善经前失眠。

远志

生地蜜饮

原料：生地黄50克，鲜藕250克，蜂蜜适量。

制法：将生地黄洗净、切片，放入砂锅，加水浓煎2次，合并2次滤液，待用；鲜藕洗净、切碎，用果汁机搅成汁，倒入杯中，加入生地黄药汁及蜂蜜，拌和均匀即成。

用法：每日1剂，上、下午分服。

功效：滋阴降火。适用于阴虚火旺引起的经行期口疮。

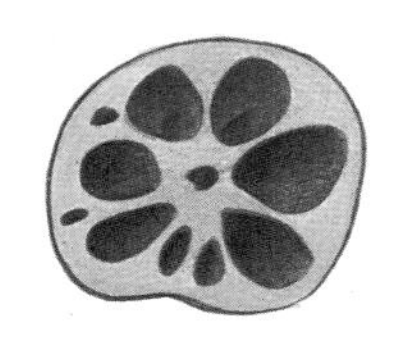

藕

蒸香橼

原料：新鲜香橼1～2个，麦芽糖适量。

制法：新鲜香橼切碎，放入有盖的蒸碗中，再放入等量的麦芽糖，然后隔水蒸数小时，直到香橼稀烂。

用法：每次1汤匙，早、晚各服1次。

功效：可缓解经前烦躁易怒。

芦根

芦根竹茹粥

原料：鲜芦根150克，竹茹15克，粳米100克，生姜3片，油、盐各适量。

制法：将芦根与竹茹洗净，共煎汁，然后用药汁与粳米一起煮成稀粥，粥将熟时加入姜片稍煮，最后再加油、盐调味即可。

用法：每日1剂，分2次服用，可连服3～5日。

功效：改善经前烦躁易怒。

粳米

玫瑰花橘饼饮

原料：玫瑰花6克，金橘饼半块。

制法：玫瑰花洗净，阴干；金橘饼切碎，与玫瑰花一同放入杯中，用沸水冲泡，拧紧杯盖，闷15分钟即可。

用法：饮茶，食花及橘饼。1剂可冲泡3～5次，当日吃完。

功效：疏肝理气，解郁消胀。适用于肝郁气滞引起的经前乳胀。

玫瑰花

活血化瘀汤

原料：柴胡、枳实、当归、香附、陈皮、赤芍、昆布、郁金、补骨脂、仙茅、茯苓、蒲公英各12克，鹿角胶10克（冲服）。

制法：以上各药加水煎煮，取汁饮用。

用法：食肉饮汤。

功效：活血化瘀，可改善经前乳房胀痛、肿块。

香附

何首乌煲鸡蛋

原料：何首乌60克，鸡蛋2个。

制法：将何首乌、鸡蛋一起用水煲，鸡蛋熟后去壳，取蛋再煮片刻。

用法：食蛋饮汤，每日1次。

功效：可缓解经前头痛。

何首乌

韭菜炒羊肝

原料：羊肝、韭菜各120克，葱段、姜片、盐各适量。

制法：韭菜洗净，切段；羊肝洗净，切片；油锅烧热，爆香姜片、葱段，加入羊肝片炒熟，再投入韭菜段，加少许盐翻炒片刻即可。

用法：每日1次，连服数日。

功效：可缓解经前乳房胀痛。

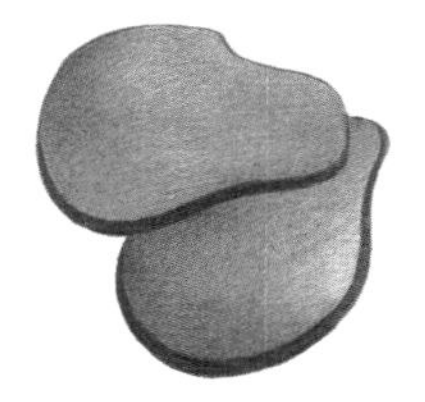
羊肝

桃花方

原料：鲜桃花适量。

制法：将鲜桃花洗净生吃。

用法：每日1次，每月于月经前5日开始服，经净停服。一般服用2～3个月可见效。

功效：适用于经前期综合征。

葱

小贴士

1.经前期综合征的女性宜多食含镁多的食物，以及富含维生素A、维生素E、维生素B_6的豆类、花生仁、葵花子、西瓜子等食物。

2.经前忌过食梨、香蕉、荸荠、白菜等寒凉食品；忌过食肉桂、花椒、胡椒、辣椒等辛辣刺激性食物；忌过食冬瓜、蕨菜、黑木耳、兔肉、火麻仁等损伤脾胃的食物及中药。

3.为预防经前期综合征的发生，在症状开始前3日要注意少喝含咖啡的饮料，少喝酒，少用盐，少用精制糖，减少饮水量，避免铅的摄入。

4.多运动。每天在新鲜的空气中快走、游泳、慢跑、跳舞等。

月经先期

月经先期是指月经周期缩短，提前7日以上，甚至十多日，临床多见于生育年龄的女性。

本病病因主要是气虚和血热，气虚则不能摄血，冲任二脉失去调节和固摄的功能，血热又使经血运行紊乱而妄行，所以导致月经提前。中医学将本病称为“月经先期”或“月经超前”或“经早”等。可以利用中药偏方或食疗偏方来进行改善。

生地莲藕节赤小豆汤

赤小豆

原料：生地黄50克，莲藕节、赤小豆各100克，红糖30克。

制法：将生地黄、莲藕节洗净，加水煮取浓汁，倒入煮熟的赤小豆汤内，再煮沸一次，放入红糖即可。

用法：每日1剂，分3次服，月经来潮前5日开始服用。

功效：适用于血热所致的月经先期。

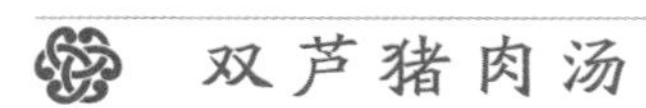

芦笋

原料：鲜芦根100克，鲜芦笋、猪瘦肉各50克，调味品适量。

制法：先将芦根洗净切段，煮汤去渣，加入芦笋（切成小段）、猪瘦肉（切小块），煮至熟烂，调味服食。

用法：每剂1剂。

功效：清热凉血，除烦止渴。适用于血热所致的月经先期。

荸荠

原料：荸荠500克，芹菜250克，白糖适量。

制法：将荸荠洗净去皮，芹菜洗净，共切碎捣烂，用纱布绞汁，加入白糖饮服。

用法：每日1剂，连服4～5日。

功效：适用于血热所致的月经先期。

龙眼杞参粥

原料：龙眼干、枸杞子各30克，沙参35克，粳米100克。

制法：以上原料分别洗净，按常法煮粥。

用法：每日1剂，连服5～7日。

功效：适用于阴虚血热所致的月经先期。

龙眼

三花橘络茶

原料：玫瑰花10克，茉莉花、槐花、橘络各3克，冰糖10克。

制法：将上述药物放入杯中，用开水冲泡，代茶饮用。

用法：每日1剂，月经来潮前5日服用。

功效：适用于肝郁所致的月经先期。

槐花

香橼金橘茶

原料：香橼1个，金橘5个，冰糖适量。

制法：将香橼洗净，切片，金橘去皮切碎，共放入锅内，加水煮汤，加冰糖熬至溶化。

用法：代茶饮用，每日1剂。

功效：平肝解郁，理气化瘀。适用于肝郁所致的月经先期。

归芪山药鸡肉汤

原料：当归、黄芪各25克，山药、鸡肉各50克，调味品适量。

制法：将鸡肉洗净，切块，山药切片，当归、黄芪用干净纱布包好，共入砂锅内，加水炖1小时，捞出药袋，调味食用。

用法：每日1剂。

功效：补脾益气，摄血。适用于气虚所致的月经先期。

当归

黑豆党参汤

原料：黑豆30克，党参9克，红糖适量。

制法：将黑豆、党参洗净，放入砂锅内，加水煎沸1小时，去党参，调入红糖即成。

用法：每日1剂，连服5～7日。

功效：益气健脾，固摄升提。适用于气虚所致的月经先期。

党参

月经后期

月经后期是指月经周期错后7日以上，甚至错后3～5个月，也称“经期错后”或“经迟”。若仅延迟7日以内，且无其他症状出现，或偶尔一次周期落后者，均不作病论。

主要症状表现为经期错后、量少、色淡质稀；小腹空痛、头晕眼花、心悸失眠、皮肤不润、面色苍白或萎黄；舌淡、苔薄、脉细无力等。

红糖

月季花姜片汤

原料：月季花15克，生姜3片，红糖适量。

制法：将生姜片水煮10～15分钟，放入月季花煮2～3分钟，去渣，加入红糖即可。

用法：每日1剂，月经来潮前连服7日。

功效：调经，活血补血，破瘀散寒。适用于血瘀型月经后期。

当归

归糖茶

原料：当归10克，红糖30克。

制法：将当归研成粗末，与红糖一起放入保温杯中，倒入沸水，加盖闷30分钟。

用法：代茶饮用，每日1剂。

功效：调经，补血，活血。适用于血虚型月经后期。

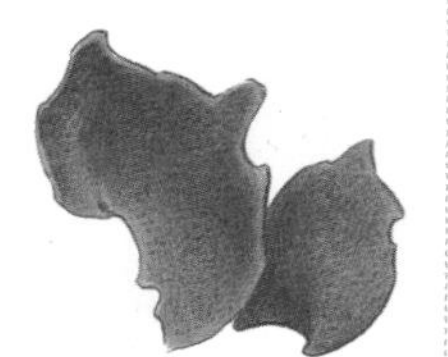
陈皮

陈皮益母茶

原料：陈皮10克，益母草15克。

制法：将两味共研磨成粗末，放入杯中，用沸水冲泡。

用法：代茶饮用，每日1剂。

功效：活血调经，理气健脾。适用于气滞型月经后期。

胡椒牛肚汤

原料：胡椒5克，牛肚150克，生姜5克，桂皮3克，盐少许。

制法：牛肚洗净切丝，与胡椒、生姜、桂皮加水炖至熟烂，捞出桂皮，加盐调味。

用法：佐餐食用，每日1剂。

功效：温经散寒。适用于虚寒型月经后期。

胡椒

归豆牛肉汤

原料：当归20克，黑豆30克，牛肉100克，生姜5克，盐适量。

制法：将牛肉洗净切块，与当归、黑豆、生姜共入砂锅内，加水煮1小时，捞出当归，加盐调味。

用法：佐餐食用，每日1剂。

功效：补血调经，温中散寒。适用于虚寒型月经后期。

黑豆

橘叶苏梗茶

原料：鲜橘叶20克，紫苏梗10克，红糖15克。

制法：将上三味放入杯中，用沸水冲泡。

用法：代茶饮用，每日1剂。

功效：理气止痛，舒肝解郁。适用于气滞型月经后期。

艾叶

艾叶香附子茶

原料：艾叶9克，醋香附子15克，淡干姜6克。

制法：将上三味共研磨成粗末，用沸水冲泡。

用法：代茶饮用，每日1剂。

功效：行气调经，温经散寒。适用于虚寒型月经后期。

香附子川芎茶

原料：香附子12克，川芎6克，红糖20克。

制法：将前两味共研磨成粗末，与红糖同放入杯中，用沸水冲泡。

用法：代茶饮用，每日1剂。

功效：活血调经，理气解郁。适用于气滞型月经后期。

香附子

月经量多

月经量多是指月经周期基本正常，但月经量相比以往明显增多，超过80毫升以上者。

中医认为本病是由于冲任不固，经血失制所致，而西医则认为月经周期规则，月经量明显增多，盆腔检查排除器质性病变，基础体温双向者，称为月经过多。可对症选用具有益气养血、补气提升功效的偏方。

白扁豆

扁豆红枣汤

原料：白扁豆60克，红枣9~12颗，红糖适量。

制法：白扁豆、红枣分别洗净，加适量水煎煮取汁，加入红糖调匀。

用法：每日1剂，连服7~10日。

功效：益气养血，健脾利湿。适用于气虚所致的月经量多。

红枣

马蹄甲散

原料：马蹄甲、米汤各适量。

制法：将马蹄甲烧至外部焦黑，研成细末。

用法：每次6克，每天2次，米汤送服。

功效：止血、止带。适用于月经量多、带下不止。

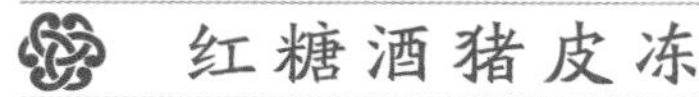

红糖酒猪皮冻

红糖

原料：猪皮1000克，红糖25克，绍兴酒250毫升。

制法：将猪皮去毛，洗净切成小块，加水炖至肉皮烂透，待汤汁黏稠时，注入绍兴酒、红糖，调匀后即可离火，倒入盆中，候冷，冷藏备用。

用法：随意食用。

功效：滋阴清热，养血止血。适用于血热所致的月经量多。

槐花双地粥

原料：槐花、生地黄、地骨皮各30克，粳米60克。

制法：将前三味加水煮汤，去渣，再入洗净的粳米煮粥。

用法：每日1剂，连服3～5日。

功效：养阴清热，凉血止血。用于血瘀所致的月经量多。

生地黄

荠菜汤

原料：鲜荠菜150～200克，调味品适量。

制法：荠菜洗净，切碎，加水煎煮，放适量调味品即可。

用法：每日1剂，连服3～5日。

功效：清热凉血，止血。适用于血热所致的月经量多。

地骨皮

棉花子散

原料：棉花子、红糖水各适量。

制法：将棉花子去壳，炒焦，研末。

用法：每次6克，空腹以红糖水送服，每日2次。

功效：补虚，止血。

荠 菜

菱角汤

原料：鲜菱角250克，红糖适量。

制法：将菱角洗净切碎，加入清水煮1小时，去渣，放入红糖即可。

用法：每日1剂，分2次服。

功效：养血止血，益气健脾。适用于气虚所致的月经量多。

地榆散

原料：地榆120克，米酒适量。

制法：将地榆研磨成细末。

用法：每次6克，每日2次，米酒送服。

功效：止血，清热凉血。

地 榆

荸荠

荸荠汁

原料：荸荠300克，米酒适量。

制法：将荸荠洗净去皮，捣汁，倒入米酒饮服。

用法：每日1剂。

功效：清热，凉血。适用于血热所致的月经量多。

绿茶

荷花茶

原料：荷花6克，绿茶3克。

制法：将两味药用沸水冲泡。

用法：代茶饮用，每日1剂。

功效：清热，活血止血。适用于血瘀所致的月经量多。

丝瓜散

原料：老丝瓜1个。

制法：将丝瓜焙黄，研末。

用法：每次3克，每日3次，温水送服。

功效：清热，凉血。适用于血热所致的月经量多。

荔枝

荔枝壳灰

原料：荔枝壳90克，米酒适量。

制法：将荔枝壳烧成灰，研磨成细末。

用法：每次6克，每日2次，空腹用米酒送服。

功效：止血。适用于月经量多。

韭菜

韭菜羊肝方

原料：韭菜100克，羊肝120克。

制法：将韭菜择洗干净，切段；羊肝切片，用铁锅大火炒熟，放入韭菜段即可。

用法：佐餐食用。

功效：适用于气虚型月经过多。

月经量少

月经量少是指月经周期基本正常，经量却明显减少，甚至点滴即停，或是经期不足2日者。月经量少是女性月经不调的症状之一，根据病因，中医分血虚、肾虚、血瘀和痰湿4型。

中医认为，导致月经量少的原因有虚有实，或房劳伤肾而致血方虚，又或是因为大病、久病或劳倦伤脾等。

山楂红花酒

原料：山楂60克，红花15克，米酒500毫升。

制法：将山楂、红花泡入米酒内，密封保存，7日后即可饮用。

用法：每次15～30毫升，每日2次。

功效：活血化瘀。适用于血瘀所致的月经量少。

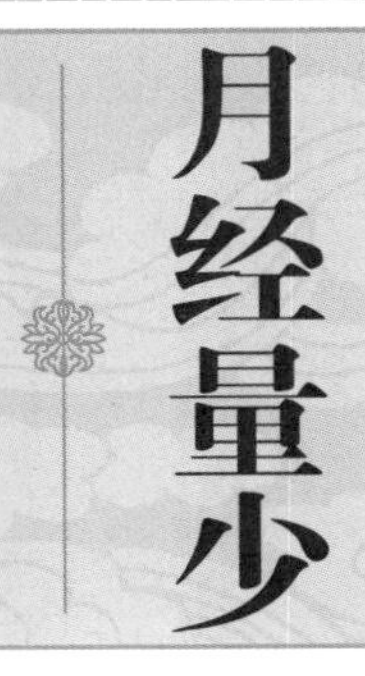
红花

山楂佛手小豆蔻酒

原料：大山楂、大佛手、大小豆蔻各30克，米酒500毫升。

制法：将前三味泡入米酒内，密封保存，7日后即可饮用。

用法：每次15～30毫升，每日早晚各1次。

功效：理气止痛，活血化瘀。适用于血瘀所致的月经量少。

佛手

黑豆苏木汤

原料：黑豆100克，苏木10克，红糖适量。

制法：黑豆、苏木洗净，加水煮熟，捞出苏木，调入红糖即可。

用法：每天1剂，分2次服用。

功效：补肾活血。适用于肾虚所致的月经量少。

红花酒

原料：红花100克，米酒250毫升。

制法：将红花放入米酒内，密封泡10日即可饮用。

用法：每次1小杯，每日2次。

功效：活血化瘀，散郁开结。适用于血瘀所致的月经量少。

黑豆

经期延长

正常月经的持续时间为3～7日，如果月经周期基本正常，月经时间超过7日以上，甚至淋漓半月始净者，称为经期延长，又称经血不断或经事延长。

主要症状为月经时间过长、量多，经色淡红、质稀；面色苍白、舌淡等。中医认为本病是由于气虚冲任不固，经血失于制约所致，所以偏方的选择应以补气升提、固冲调经为主。

侧柏叶

柏叶粥

原料：鲜侧柏叶500克，粳米100克，红糖30克。

制法：粳米淘洗干净，如常法煮粥；将侧柏叶洗净，捣汁，放入粥内，再煮沸几次，加入红糖即可。

用法：每日1剂，分2次服，连服7日。

功效：凉血，止血。适用于血热所致的经期延长。

人参

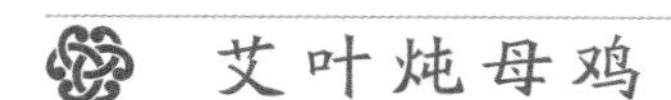

艾叶炖母鸡

原料：艾叶25克，老母鸡1只，米酒、盐各适量。

制法：将老母鸡去毛及内脏，洗净切块，与艾叶、米酒共置于锅内，加水炖至熟烂，加盐调味即可。

用法：佐餐食用。

功效：止血，温经益气。治疗气虚所致的经期延长。

升麻

人参升麻粥

原料：人参5～10克，升麻3克，粳米30克。

制法：粳米淘洗干净，如常法煮粥；将人参切片，与升麻同加水煮取浓汁，放入粥内，再煮沸即可。

用法：每日1剂，连服7日。

功效：调经，补气益血。适用于气虚所致的经期延长。

功能性子宫出血（崩漏）

功能性子宫出血是指由于卵巢功能失调而引起的子宫出血，简称功血。本病多见于青春期、更年期女性。

临床表现为不规则的子宫出血，月经周期紊乱，出血时间延长，经血量多，甚至大量出血或出血淋漓不止。功血属于中医学中“崩漏”的范畴。临床上常见的功血可分为血热型、血虚型、瘀血型和脾虚型4种。按照年龄的特点，可分青春期功血、生育年龄功血和更年期功血。

中医治疗功血有丰富的经验，而采用老偏方疗法更具独到之处，并具有方便、实用、疗效确切的特点，值得推广。但在实际应用时，仍要辨证施治，对症用药。

杨树叶烧灰方

原料：杨树叶烧灰、白糖各60克。

制法：将杨树叶烧灰水煎，去浮，取汤，加白糖调味。

用法：每日1剂。

功效：改善子宫出血症状。

天冬

天冬方

原料：连皮天冬15～25克，红糖适量。

制法：连皮天冬水煎，加红糖拌匀。

用法：服用1～3次。

功效：适用于功能性子宫出血。

党参

党参方

原料：党参30～60克。

制法：党参水煎。

用法：早、晚分服。于月经期或行经第1日开始，连续服用5日。

功效：适用于功能性子宫出血。

右归丸

枸杞子

原料：熟地黄240克，怀山药（炒）、枸杞子（微炒）、鹿角胶、菟丝子（制）、杜仲（姜汤炒）各120克，山茱萸（微炒）、当归各90克，肉桂、制附子各60克，蜂蜜适量。

制法：将以上各味捣成末，蜜制成大丸。

用法：每日2次，每次9克，温水送服。

功效：适用于肾阳不足型功能性子宫出血。

生姜灸法

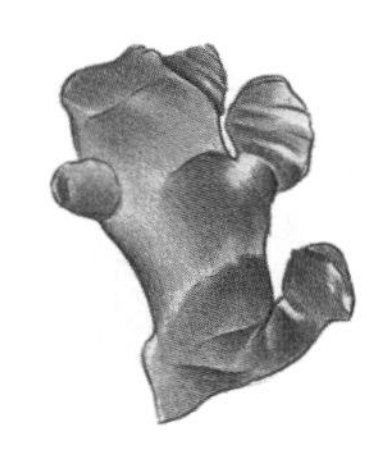

生姜

原料：生姜、艾绒各适量。

制法：生姜切片，艾绒捏成黄豆大小的绒炷。

用法：患者仰卧，姜片放于脐部，艾炷放于姜片上点燃，连续灸10炷。每日2次。

功效：适用于功能性子宫出血。

仙鹤龙牡煎

牡蛎

原料：仙鹤草、龙骨、牡蛎各50克。

制法：将三味药放入水中煎煮取汁。

用法：每日1剂，分2次服。7日为1个疗程。

功效：适用于各型功能性子宫出血。

川牛膝方

原料：川牛膝30～45克。

制法：水煎。

用法：顿服或分2次服。

功效：适用于功能性子宫出血。

燕麦炖鸡血

燕麦

原料：燕麦30克，鲜鸡血60克，黄酒适量。

制法：燕麦、鲜鸡血加黄酒炖。

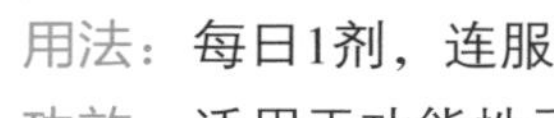

用法：每日1剂，连服数日。

功效：适用于功能性子宫出血。

乌贼骨炖鸡

原料：乌贼骨、当归各30克，鸡肉100克，盐适量。

制法：鸡肉洗净切丁，乌贼骨打碎，当归切片，将三者一同装入陶罐内，加水、盐蒸熟。

用法：每日1次，连服3～5日可见效。

功效：收敛止血。适用于血虚型功能性子宫出血。

当归

莲蓬壳方

原料：莲蓬壳3个，黄酒适量。

制法：将莲蓬壳烧焦，研为细末。

用法：用温酒1次冲服。

功效：适用于妇女功能性子宫出血。

鸡

莱菔子方

原料：莱菔子（萝卜子）150克。

制法：莱菔子水煎。

用法：每日1剂，分3次服用，连服1～2剂。血止后改用归脾丸善后。

功效：适用于功能性子宫出血。

莱菔子

乌贼墨囊方

原料：乌贼墨囊适量。

制法：乌贼墨囊烘干，研为细粉。

用法：每次1克，分2次服。

功效：适用于功能性子宫出血。

豆浆韭菜汁

原料：生豆浆、韭菜汁各适量。

制法：将生豆浆、韭菜汁调匀。

用法：空腹服用。

功效：缓解功能性子宫出血。

韭菜

玉米须

玉米须猪肉汤

原料：玉米须30克，猪肉250克。

制法：玉米须与猪肉同煮熟，取出玉米须。

用法：食肉饮汤。每日1剂。

功效：适用于功能性子宫出血。

黑木耳

凌霄花方

原料：凌霄花、黄酒各适量。

制法：将凌霄花研为细末。

用法：每次取6克，用黄酒送服。

功效：可缓解功能性子宫出血。

黑木耳红糖饮

原料：黑木耳120克，红糖60克。

制法：将黑木耳用温水泡发，捞出摘干净后煮熟，再加入红糖拌匀，即可食用。

用法：1次服完，连服7日为1个疗程。

功效：适用于功能性子宫出血。

小 蓟

小蓟方

原料：小蓟30～60克。

制法：小蓟用水煎制。

用法：每日1剂，分2～3次服。

功效：适用于功能性子宫出血。

乌 梅

乌梅方

原料：乌梅、米汤各适量。

制法：乌梅烧焦，研为细末。

用法：每次6克，用米汤送服。

功效：可缓解功能性子宫出血。

闭经

女性年龄超过18岁月经尚未来潮，或已行经而又中断达3个月以上者称为闭经，前者为原发性闭经，后者为继发性闭经。妊娠期、哺乳期、绝经后的无月经及初潮后半年或1年内有停经现象等均属正常生理现象，不属于闭经范围。

中医认为，闭经有虚实之分。虚者精血不足，血海空虚，无血可下，多因肝肾不足，气血虚弱，阴虚血燥而成闭经；实者邪气阻隔，脉道不通，经血不得下，多由气滞血瘀、痰湿阻滞而导致闭经。闭经患者可以针对各种病因，对症使用老偏方进行调理。

苍术粥

原料：苍术30克，粳米50克。

制法：苍术水煎去渣取汁，再加粳米煮粥。

用法：每日1次，连服数日。

功效：适用于痰湿阻滞型闭经，症见月经来潮后又逐渐停闭，胸胁满闷、精神疲倦、白带增多或呕吐痰涎，多见于形体肥胖者。

苍术

丹参糖茶

原料：丹参、红糖各60克。

制法：将丹参与红糖一起放入锅中，水煎取汁。

用法：代茶饮用。每日早、晚各1次。

功效：适用于阴血不足、血海空虚所致闭经。

丹参

月季花方

原料：开败的月季花3～5朵，冰糖30克。

制法：将开败的月季花洗干净，加清水2杯，小火煎至1杯即可。

用法：加冰糖晾温后顿服。

功效：适用于血瘀性闭经、痛经。

月季花

丝 瓜

丝瓜络方

原料：丝瓜络适量。

制法：丝瓜络碾为细末。

用法：每次9克，每日1次，连服5～7日。

功效：适用于闭经。

丝瓜瓤方

原料：丝瓜瓤30克，黄酒适量。

制法：丝瓜瓤加黄酒、沸水煎煮，取药汁。

用法：每日服2次。

功效：适用于闭经。

注意事项：服用本方期间，忌食生冷和用冷水洗浴。

黄 酒

凌霄花方

原料：凌霄花20～30克。

制法：将凌霄花炒压为细末。

用法：每次6克，饭前温水送服，每日1次。

功效：适用于闭经。

鸡 蛋

川芎煮鸡蛋

原料：川芎8克，鸡蛋2个，红糖适量。

制法：将川芎、鸡蛋一起加水同煮，鸡蛋煮熟后，去壳再煮片刻，去渣，加红糖调味即成。

用法：吃蛋饮汤。每日1剂分2次服，每月连服5～7日。

功效：适用于气血瘀滞型闭经。

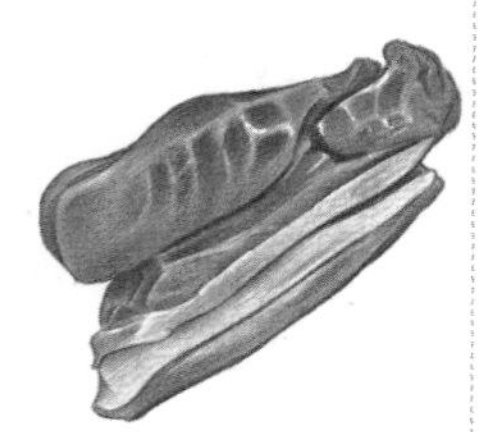

猪瘦肉

鸡血藤炖肉

原料：鸡血藤10克，猪瘦肉150克，调味品适量。

制法：鸡血藤洗净，与洗净、切块的猪瘦肉共入锅，加水炖至肉烂，加调味品即可。

用法：食肉饮汤。每日1次，5日为1个疗程。

功效：活血调经。

丹参方

原料：丹参20～30克，琥珀3克。

制法：将琥珀研成细末；丹参水煎。

用法：丹参汤送服细末。每日1剂，连服3～5日。

功效：适用于闭经。

丹参

薏米根方

原料：薏米根30克。

制法：用水煎制。

用法：每日1剂，分2次服，连服3日。

功效：适用于闭经。

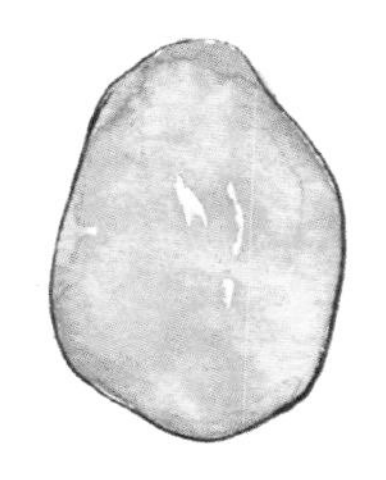
琥珀

水蛭方

原料：生水蛭300克。

制法：将生水蛭研为极细的粉末。

用法：每日2次，每次4克，用温水冲服。1个月经周期为1个疗程。

功效：适用于闭经。

薏米

黄瓜秧方

原料：黄瓜秧适量（约1米长，七八条），分心木（核桃内的隔木）6克。

制法：将黄瓜秧、分心木一起水煎。

用法：每日1剂，分早、晚2次服用，连服5～7日。

功效：适用于闭经。

泽兰粳米粥

原料：泽兰30克，粳米50克。

制法：泽兰水煎，去渣取汁；粳米淘洗干净，加入泽兰汁一同入锅煮粥。

用法：每日2次，空腹食用。

功效：活血，行水，解郁。适用于闭经。

泽兰

鸡内金

鸡内金方

原料：鸡内金、山楂各30克。

制法：将鸡内金、山楂一起碾成细末。

用法：每次2～3克，每日2次，温水送服。

功效：适用于闭经。

百合花方

原料：百合花5克。

制法：用水煎制。

用法：每日1剂，分2次服。

功效：活血调经。

山 楂

山楂红糖饮

原料：山楂30克，红糖25克。

制法：山楂水煎浓汁，加入红糖调味。

用法：每日1剂，分早、晚饮服，连服2日。

功效：适用于血瘀型闭经。

小贴士

1.补充足量的蛋白质，加强营养。注意调养脾胃，在食欲良好的情况下，可多食肉类、禽蛋类、牛奶及新鲜蔬菜。

2.经期禁食生冷瓜果及辛辣刺激性食品。要避免过度节食或减肥，以免因营养不良引发闭经。

3.平时多加强体育锻炼，可经常做一些保健操，多打打太极拳，多散步等。

4.平时要保持精神愉快，心情舒畅，避免精神过度紧张。

5.经期注意做好保暖措施，重点要放在腰部以下，两脚不要受寒，不要经常接触冷水。行经前后和产后应注意勿受寒湿，以免引起继发性闭经。

6.经期女性身体抵抗力一般较弱，此时要避免过重的体力劳动，做到劳逸结合。

痛经

痛经是指女性在经期出现小腹或腰部疼痛，甚至痛及腰骶。随月经周期而发，常伴有头晕、恶心、呕吐、乳胀等症状。可以说，在众多妇科疾病中，痛经是让女人最为难受的情况之一。

引发痛经的原因较为复杂，但通常分为两大类，即原发性痛经和继发性痛经。

一般来说，青春期女性多发原发性痛经；而继发性痛经多见于生育后及中年女性，多是由于生殖器官的某些病变引起的。中医认为，痛经病位在胞宫，变化在气血，表现为痛证，多因气血运行不畅，不通则痛。因此，选择老偏方应以活血化瘀、通经止痛为主。

肉桂粥

原料：肉桂2～3克，粳米50～100克，红糖适量。

制法：肉桂煎取浓汁去渣；粳米淘洗干净入锅，加水适量，煮沸后，调入肉桂汁及红糖，同煮为粥。

用法：每日2次，3～5日为1个疗程。

功效：温中补阳，散寒止痛。适用于虚寒性痛经。

粳米

樱桃叶方

原料：樱桃叶（鲜、干品均可）20～30克，红糖20～30克。

制法：樱桃叶水煎，取汁液300～500毫升，加入红糖拌匀。

用法：一次顿服。月经来潮前服2次，月经期内服1次。

功效：活血、通经。适用于原发性痛经。

金荞麦根方

原料：金荞麦根干品50克（鲜品70克）。

制法：金荞麦根洗净、水煎，取药液500毫升。

用法：月经来潮前3～5日服2剂，每日1剂，分2次服。连服2个月经周期为1个疗程。

功效：适用于痛经。

红糖

益母草

益母草方

原料：益母草60克。

制法：用水煎制。

用法：每次1匙，温水或红糖水调服。

功效：适用于腹痛拒按、血色紫黑挟有血块者。

月季花方

原料：月季花15克，红糖100克，米酒30毫升。

制法：将红糖与月季花一起加水共煮，去渣，冲入米酒。

用法：趁热1次服完。

功效：适用于痛经。

三 七

三七粉

原料：三七粉3克。

用法： 温水送服。经前及痛经时服用，每日1～2次。

功效：可缓解痛经。

姜

鲜姜方

原料：鲜姜125克，盐、大葱各250克。

制法：将鲜姜与盐、大葱一起捣烂，炒热，装入纱布袋内。

用法：热敷脐下丹田部（冷则用热水袋熨）。每次30～60分钟，每日3次，连敷3～4日。

功效：适用于痛经寒凝者。

泽 兰

泽兰绿茶

原料：泽兰10克，绿茶1克。

制法：将泽兰、绿茶一起放入茶杯，用沸水冲泡，加盖，泡5分钟后即可。

用法：月经前或月经期代茶频饮。

功效：适用于瘀血阻滞型痛经。

带下病

身体健康的女性阴道内会有少量白色无臭味的分泌物，以润滑阴道壁黏膜，月经前后、排卵期及妊娠期量较多，而并无其他不适症状，为生理性白带。但如果带下量明显增多，色、质、气味异常，或伴有全身或局部症状，则为带下病。

本病临床表现常见白带增多、绵绵不断、腰痛、神疲等，或见赤白相兼，或五色杂下，或脓浊样，有臭气。如果气味腐臭难闻，应当警惕是否有癌变的可能。

中医认为，带下病的发生多与脾虚、肾虚、肝郁及湿毒等因素有关。选用老偏方应以健脾益肾、疏肝解郁、清热利湿为主。

佛手煮小肠

原料：佛手片30克，猪小肠1段（50厘米），盐、姜丝、黄酒各适量。

制法：佛手片洗净，猪小肠用盐内外搓洗干净，切成小段，加适量水，下姜丝、盐、黄酒煮熟。

用法：每日1剂，分2次服。

功效：适用于女性肝气郁结型带下病。

佛手

兰花瘦肉汤

原料：猪瘦肉200克，白兰花30克。

制法：猪瘦肉洗净，切块；白兰花洗净，与猪瘦肉一起加清水适量煲汤。

用法：食肉饮汤。

功效：滋阴化浊。适用于带下病。

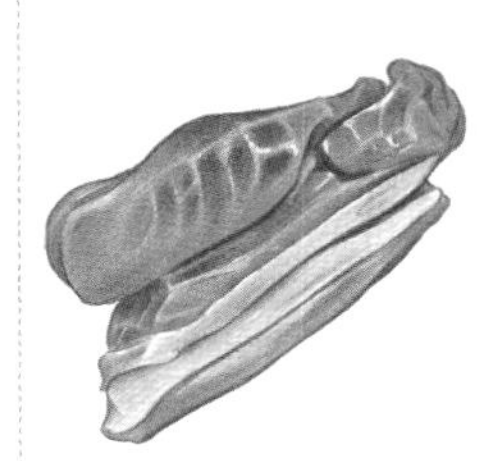

猪瘦肉

白扁豆方

原料：白扁豆、米汤适量。

制法：白扁豆炒熟，研为细末。

用法：用米汤调服，每次30克。

功效：适用于女性赤白带下，症见其色赤白相杂、味臭。

白扁豆

冰 糖

冬瓜子方

原料：冬瓜子30克，冰糖适量。

制法：将冬瓜子洗净，捣碎末，加冰糖，冲沸水1碗，放于陶瓷罐中，用小火隔水炖。

用法：每日2次，连服5～7日。

功效：适用于湿毒型带下病。

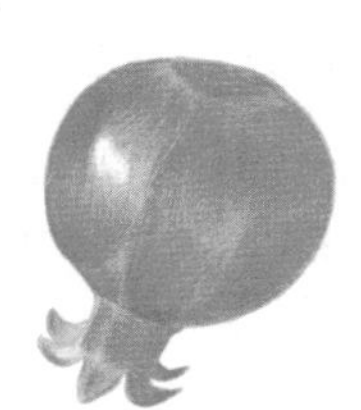

石 榴

石榴皮粥

原料：石榴皮30克，粳米100克，白糖适量。

制法：石榴皮洗净，放入砂锅，加适量水煎煮，去渣取汁，再加入粳米煮粥，待粥将熟时，加入白糖稍煮即可。

用法：每日1剂。

功效：适用于带下绵绵、腰酸腹痛等。

丹参炖猪肉

原料：丹参15克，猪瘦肉120克。

制法：丹参与猪瘦肉共煮熟，不加盐。

用法：食肉饮汤。

功效：适用于女性带下病。

丹 参

车前草猪小肚汤

原料：车前草40克，猪小肚200克，盐适量。

制法：车前草洗净，切碎；猪小肚洗净，切块，二者一起加水煲汤，用盐调味。

用法：饮汤，食猪小肚。

功效：适用于湿毒引起的白带过多。

车前草

韭菜根煮鸡蛋

原料：韭菜根、白糖各50克，鸡蛋2个。

制法：将韭菜根与鸡蛋、白糖一起水煮。

用法：食蛋饮汤。

功效：适用于带下病属肾气不足者。

白果鸡蛋

原料：鸡蛋1个，白果2个。

制法：在鸡蛋的一端开一小孔，白果去壳后，纳入鸡蛋内，以棉纸黏封小孔，隔水蒸熟。

用法：每日1次，连服数日。

功效：适用于女性带下病。

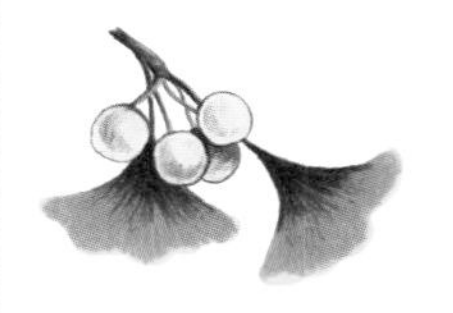

白果

枸杞叶炒鸡蛋

原料：嫩枸杞叶适量，鸡蛋1个。

制法：嫩枸杞叶与鸡蛋液同炒熟。

用法：佐餐食用。

功效：适用于带下病。

枸杞

黄花菜方

原料：黄花菜30克。

制法：黄花菜水煮去渣，取汁。

用法：一次饮完。

功效：适用于湿热型带下病。

沙参

沙参方

原料：沙参适量。

制法：沙参研为末。

用法：每次6克，米汤送服。

功效：可改善带下病。

马齿苋冲鸡蛋

原料：马齿苋250克，鸡蛋2个。

制法：马齿苋捣烂绞汁，鸡蛋取蛋清，与马齿苋搅匀，冲入沸水。

用法：每日2次。

功效：适用于赤白带下。

马齿苋

韭淡方

韭菜

原料：韭菜50克，淡菜30克，黄酒适量。

制法：韭菜洗净，切好；淡菜用黄酒浸洗1遍，然后与韭菜一起煮熟食用。

用法：佐餐食用。

功效：适用于带下病。

胡椒鸡蛋

原料：白胡椒10粒，鸡蛋1个。

制法：将白胡椒研为细末，放入打有小孔的鸡蛋内，用纸封孔，以泥包好，烧熟。

用法：佐餐食用。

功效：适用于寒湿带下病。

赤小豆

赤小豆粥

原料：赤小豆、粳米各100克，白糖适量。

制法：将赤小豆煮烂，然后加入粳米共煮成粥，食用时加白糖调味。

用法：代早餐食用。连用1周。

功效：清热利湿。适用于湿热所致的带下量多、或黄或白、带下稠浊、有臭味，伴腰酸坠痛、外阴瘙痒等。

小贴士

1.患者宜适当多食牛奶、豆浆、瘦肉、动物内脏等食物，以补充营养。配餐宜以健脾补肾的汤粥为主，如黄芪粥、怀山粥、白果粥等。

2.饮食要有节制，不暴饮暴食，以免损伤脾胃。不宜食用生冷、寒凉食物，如冰冻饮料、冰冻水果等；也不宜食用辛辣、煎炸等食物。

3.平时应加强运动，以增强体质，提高抗病能力；还要注意保暖，尤其是下腹部千万不要受寒。

4.换洗下来的内裤要进行煮沸。

5.治疗期间不能进行性生活。要坚持整个疗程，不能半途而废。

盆腔炎

女性内生殖器（如子宫、输卵管、卵巢等）及其周围的结缔组织、盆腔腹膜发生炎症时，统称为盆腔炎。盆腔炎可分为急性和慢性。急性盆腔炎临床常表现为高热、寒战、头痛、食欲不振和下腹疼痛。急性盆腔炎患者如不彻底治疗，很容易转为慢性。慢性盆腔炎主要临床表现为月经紊乱、白带增多、腰腹疼痛及不孕等，如已形成慢性附件炎，则可触及肿块。

中医认为，本病多因脏腑虚弱，产门不闭，湿热之邪入侵，客于下焦盆腔，久而蕴毒发病。亦可因经期不避房事、流产或妇科手术等消毒不严，致病菌侵入内生殖器而致病；或湿毒阻滞，气滞血瘀，瘀热成癥；或忧郁愤怒，气机紊乱，气滞血瘀成癥。

选择老偏方应以活血化瘀、理气止痛、祛寒除湿、益气健脾、化瘀散结为主。

香椿皮方

原料：香椿皮30克，白糖50克。

制法：香椿皮水煎浓汤，去渣，加入白糖调味。

用法：轻者每日1剂，重者每日2剂，连服7日。

功效：适用于盆腔炎属湿热者。

芹菜

芹菜子方

原料：芹菜子30克，黄酒适量。

制法：用水煎制。

用法：黄酒送服，每日1剂，分2次服。

功效：适用于盆腔炎。

白芍

白芍方

原料：白芍10克，干姜9克。

制法：将白芍与干姜一起水煎。

用法：每日1剂，分2次服。

功效：适用于盆腔炎。

黄酒

油菜子方

原料：油菜子60克，肉桂、黄酒各适量。

制法：将油菜子炒香，与肉桂一起研为细末，醋糊为丸，如桂圆核大。

用法：用温黄酒送服。每次1～2丸，每日1～2次。

功效：适用于盆腔炎属气滞血瘀者。

荔枝

荔枝核蜜饮

原料：荔枝核30克，蜂蜜20克。

制法：将荔枝核敲碎，放入砂锅，加适量水，浸泡片刻后，煎煮30分钟，去渣取汁，趁温热调入蜂蜜拌匀。

用法：早、晚2次分服。

功效：适用于各类慢性盆腔炎。

炒大青盐

原料：大青盐500克。

制法：大青盐炒热，用布包好。

用法：将布包放于下腹部热敷。

功效：适用于盆腔炎。

粳米

生地粥

原料：生地黄30克，粳米60克。

制法：生地黄洗净切片，用清水煎煮2次，取汁100毫升。把粳米如常法煮粥，待八成熟时入药汁，共煮至熟。

用法：食粥，连服数日。

功效：适用于盆腔炎。

丹参

丹参方

原料：丹参30克。

制法：用水煎制。

用法：代茶饮。

功效：适用于盆腔炎。

煨猪腰

原料：猪腰（猪肾）1对。

制法：将猪腰洗干净，然后用湿纸包裹，煨至熟透。

用法：温水送服，每日1次。

功效：适用于赤白带下、腰酸背痛之慢性盆腔炎。

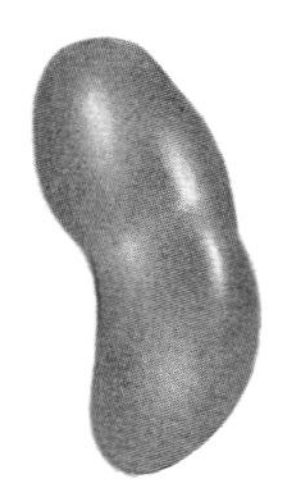

猪腰

全当归方

原料：全当归适量。

制法：全当归用清水洗净，放入酒中浸泡。每次取15克，加水1000毫升，大火煮至水开后，小火熬至500毫升。

用法：早、晚各服1次。

功效：适用于盆腔炎。

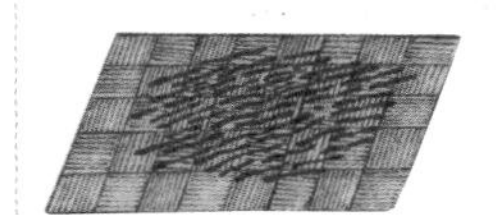

阿胶

阿胶鸽蛋

原料：阿胶30克，鸽蛋5个。

制法：阿胶置碗中，加适量水熬化，趁热入鸽蛋和匀即成。

用法：每日1剂，早、晚分2次食用，连续服用。

功效：适用于盆腔炎。

水蛭

水蛭方

原料：生水蛭500克。

制法：将生水蛭研为极细的粉末。

用法：每次温水或黄酒送服4克。每日早、晚各1次。2个月为1个疗程。

功效：适用于盆腔炎。

红花

青皮红花茶

原料：青皮、红花各10克。

制法：青皮晾干，切细丝，与红花一起放入砂锅，加水浸泡30分钟后，再煎煮30分钟，用洁净纱布过滤，取汁。

用法：当茶饮用，或早、晚2次分服。

功效：适用于气滞血瘀型盆腔炎。

小茴香

暖宫定痛汤

原料：橘核、荔枝核、小茴香、胡芦巴、延胡索、五灵脂、制香附、乌药各9克。

制法：将以上各味用水煎服。

用法：每日1剂，日服2次。

功效：暖宫散寒，行气活血。适用于慢性盆腔炎。

红 枣

皂角刺粥

原料：皂角刺30克，红枣10克，粳米20克。

制法：皂角刺、红枣加水煎半个小时以上，去渣取药液300毫升，加入粳米，用小火煎熬成粥即可。

用法：每日1剂，早、晚各服用1次。

功效：适用于盆腔炎。

芡 实

三味糯米粥

原料：莲子（去心）、芡实各100克，鲜荷叶50克，糯米60克。

制法：先将荷叶水煎去渣，再放入洗净的莲子、芡实、糯米，煮熟后食用。

用法：每日1剂，分2次服。

功效：益肾固精，健脾止带。

小贴士

1.盆腔炎应忌食辛辣刺激之物，如辣椒、大蒜、洋葱、芥末、韭菜、生姜以及烟、酒、咖啡及含酒食品等。

2.忌过食生冷食物，如海鲜、冰棒、冰激凌、冰镇汽水、啤酒及梨、香蕉等。

3.忌过食油腻之物，如动物脂肪、全乳食品、黄油、奶油、猪油、动物内脏等。

4.讲究个人卫生。注意外阴清洁，尤其是经期、产后、术后，勤换内裤，常洗淋浴。应停止性生活，以免病菌由外阴蔓延至卵巢、盆腔，加重病情。

阴道炎

阴道炎是指因感染而引起的阴道炎症，是女性常见的一种疾病。通常情况下，绝经后女性比青春期及育龄期女性更易发生。

阴道炎常有外阴及阴道瘙痒、灼痛，白带增多且有异味，可伴有性交痛及尿痛、尿频等症状。严重时，常使人坐立不安，痛苦异常，影响工作和睡眠。常见的阴道炎有细菌性阴道炎、滴虫性阴道炎、真菌性阴道炎、老年性阴道炎。

中医认为，大部分阴道炎患者的病因病机为湿热下注，因此老偏方应采用清热利湿之法。有些患者反反复复地发生炎症，其实是因为体质过差，例如脾气亏虚等，这时还应加上一些健脾益气的老偏方。

化痒汤

原料：炒栀子、天花粉、柴胡各9克，白芍12克，甘草6克。

制法：将以上各味以水煎煮，去渣取药汁。

用法：每日1剂，分2次服用。

功效：适用于阴虚火燥、内火郁结引起的阴道炎。

柴胡

生地龙胆汤

原料：生地黄12克，龙胆草、栀子、黄芩、柴胡、木通、泽泻、黄柏、黄菊花各9克，甘草3克。

制法：将以上原料用水煎煮，取药汁。

用法：每日1剂，分2次服用。

功效：对肝经湿热型滴虫性阴道炎有一定疗效。

五倍子方

原料：五倍子15克。

制法：水煮取药汁。

用法：趁热熏外阴，待水温适宜后冲洗阴道。每日1次，3日为1个疗程。

功效：适用于阴道炎。

黄芩

黄连

外散法

原料：苦参、蛇床子、黄连、黄柏各30克，川椒、枯矾各10克，冰片3克。

制法：将以上各味共研为细末，装瓶备用。

用法：先用3%苏打水冲洗外阴及阴道，然后取药散适量撒于阴道和外阴。每日1～2次，5次为1个疗程。

功效：治疗阴道炎。

木香

芦荟丸

原料：胡黄连、黄连、芦荟、木香、芜荑（炒）、青皮、白雷丸、鹤虱草各30克，麝香10克。

制法：将以上各味研末，蒸成饼糊，做成如梧桐子大小的丸。

用法：每天3克，温水送服。

功效：清热化湿，杀虫解毒。适用于阴道炎。

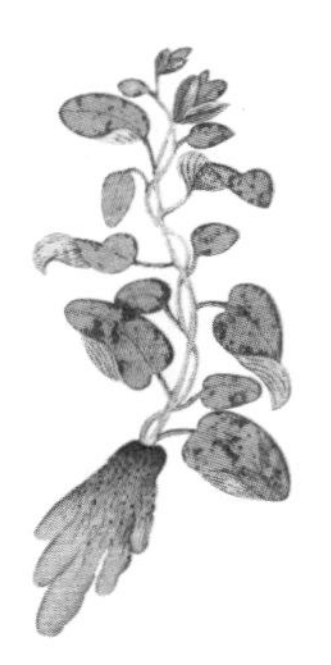

山药

怀山鱼鳔瘦肉汤

原料：怀山药30克，猪瘦肉250克，鱼鳔15克，盐适量。

制法：怀山药、猪瘦肉洗净，切块；鱼鳔用水浸发，洗净，切丝。把处理好的原料放入锅中，加清水适量，大火煮沸后，改小火煲2小时，加盐调味即可。

用法：佐餐食用。

功效：滋阴补肾，涩精止带。适用于老年性阴道炎。

苦参

熏蒸法

原料：黄柏、苦参、蛇床子、白鲜皮各30克，冰片3克。

制法：将以上原料用白布包好，煎煮取汁2升。

用法：趁热熏蒸外阴，待药液偏凉后坐浴20分钟，每日1～2次。熏洗前将药包取出晾干，可再使用1次。7日为1个疗程。泡洗后阴道纳入克霉唑栓或达克宁栓1粒，外阴涂抹上述药膏。

功效：治疗阴道炎。

麦饭石方

原料：颗粒麦饭石适量。

制法：麦饭石洗净，按1∶10的比例，加清水煮沸5～7分钟，冷至30℃左右即可。

用法：清洗阴道。每日1～2次。

功效：适用于阴道炎症状较轻者。

山药

八味方

原料：蒲公英20克，山药、椿根白皮、旱莲草、鹿含草各15克，生地黄、山萸肉、泽泻各12克。

制法：上述各药水煎2次，将两次煎得的药液混合。

用法：每日1剂，早晚各服用1次。

功效：适用于阴道炎引起的尿频、尿痛等。

泽泻

外洗方

原料：丁香12克，藿香、大黄各30克，龙胆草20克，枯矾、黄连、薄荷各15克，冰片1克。

制法：将以上原料用水煎煮，取药汁。

用法：每日1剂，温后浸泡外阴1～2次，每次30分钟。

功效：清热燥湿，杀虫止痒。

丁香

苦参方

原料：苦参30克。

制法：水煎。

用法：每日1剂，分2次服。

功效：适用于滴虫性阴道炎。

黄连方

原料：黄连适量。

用法：用4%的黄连溶液浸带线棉球，然后将带线棉球填塞阴道。每日1次，1周为1个疗程。

功效：适用于滴虫性阴道炎。

黄连

紫 草

紫草方

原料：紫草100克。

制法：紫草放入锅中，加水3升，大火煎40分钟后，滤去药渣。

用法：待药液温度适宜时，坐浴30分钟。每日2次，每日1剂。

功效：适用于阴道炎。

凤仙草方

原料：鲜凤仙草全草200克。

制法：洗净水煎。

用法：先熏患部，后坐浴，再以清水清洗。每日1次，15日为1个疗程。

功效：适用于滴虫性阴道炎。

茯 苓

桃叶方

原料：鲜桃叶适量。

制法：鲜桃叶洗净，烘干或晒干后，研成细粉。

用法：先用1∶5000的高锰酸钾溶液冲洗阴道，擦净分泌物，再取1.5克鲜桃叶粉纳入阴道。每日1次，5日为1个疗程。

功效：适用于阴道炎。

川楝子方

原料：川楝子100克。

制法：川楝子加水3升，大火煎30分钟后滤出药液，放凉。

用法：每次坐浴20～30分钟。每日1剂，分2次。

功效：适用于阴道炎。

粳 米

茯苓粥

原料：茯苓30克，粳米50克。

制法：茯苓研末，粳米如常法煮粥，半熟时，加入茯苓末，煮至粥熟。

用法：空腹食用。

功效：适用于脾虚湿盛引起的细菌性阴道炎。

决明子方

原料：决明子30克。

制法：决明子放入锅中，加水煮沸15分钟。

用法：趁热用药气熏外阴，等药液温度适宜时浸洗外阴，每次15～20分钟。每日1次，10日为1个疗程。

功效：适用于真菌性阴道炎。

决明子

虎杖根方

原料：虎杖根100克。

制法：虎杖根放入锅中，加水1.5升，煎取药汁约1升，过滤。

用法：待药液冷却到适宜温度时，坐浴10～15分钟。每日1次，7次为1个疗程。

功效：适用于真菌性阴道炎。

虎 杖

鸦胆子方

原料：去皮鸦胆子20个。

制法：去皮鸦胆子放入锅中，加水1杯半，煎至半杯后，倒入消毒碗内。

用法：用消过毒的大注射器将药注入阴道，每次20～40毫升，轻者每日1次，重者每日2～3次。

功效：适用于滴虫性阴道炎。

小贴士

1.阴道炎患者应忌食辛辣刺激性食物，以免酿生湿热或耗伤阴血。不吃糖分高的食物，治愈后也要少吃。

2.注意个人卫生，保持外阴清洁干燥；宜穿棉质内裤，尽量不穿连裤袜；每次洗过的内衣裤和被单都要用稀释的消毒液浸泡消毒。

3.不要使用身体除臭剂及碱性强、含香水的浴液，这些都会刺激阴道。月经期间宜避免阴道用药及坐浴。

4.保持心情愉快，及时缓解精神压力。

5.治疗期间应禁止性生活，或采用避孕套以防止交叉感染。如果阴道炎反复发作，则应检查其性伴侣的小便及前列腺液，如为阳性应一并治疗。

宫颈炎

宫颈炎是女性最常见的妇科疾病之一，有急性和慢性两种，慢性宫颈炎较为多见。宫颈炎的主要症状就是白带增多。急性宫颈炎白带为脓性，伴下腹及腰骶部坠痛，或有尿频、尿急、尿痛等膀胱刺激征。慢性宫颈炎白带为乳白色，呈黏液状或白带中夹有血丝，或性交出血，伴有外阴瘙痒、腰骶部疼痛症状，经期加重。

中医认为，女性在经期、产后，或因房事不禁，或因忽视卫生，或因手术损伤等，感湿毒之邪，损伤任、带二脉，约固无力，发为带下病。选择老偏方应以清热利湿、健脾温肾为主。

蚌肉炖鸡冠花

原料：蚌肉45克，白鸡冠花15克。

制法：将蚌肉切片，白鸡冠花洗净，一起放在陶瓷罐中，隔水用小火炖至蚌肉熟烂。

用法：每日1次，连服7～10日。

功效：适用于湿毒内侵型宫颈炎。

鱼腥草

鱼腥草蒲公英汤

原料：鱼腥草、蒲公英各30克。

制法：将以上二味用水煎服。

用法：每日1剂，分2次服，连服7剂为1个疗程。

功效：清热解毒，消肿散结。适用于慢性宫颈炎。

蒲公英

鱼腥草猪肺煲

原料：猪肺200克，鲜鱼腥草60克，盐适量。

制法：将鱼腥草洗净，猪肺切成块状，用力挤除泡沫，加适量清水煲汤，加盐调味。

用法：佐餐食用。

功效：适用于热毒蕴结型宫颈糜烂。

菱粉粳米粥

原料：菱粉60克，粳米100克，红糖适量。

制法：将粳米加入适量水煮粥，待米粥煮至半熟时，调入菱粉，加入红糖，继续煮至粥熟即可。

用法：每日1剂。

功效：益气健脾，防止细菌侵入。

红 糖

无花果叶汤

原料：无花果叶20克（鲜品50克）。

制法：加水1盆，煎至半盆。

用法：每日1次趁热熏蒸，待温度适宜时坐浴。

功效：清热解毒。适用于慢性宫颈炎。

无花果

半夏方

原料：生半夏适量。

制法：生半夏洗净，晒干或烘干，碾为细粉。

用法：用时，先将宫颈糜烂面分泌物擦干净，用带线的棉球蘸适量半夏粉，放入宫颈糜烂面，紧贴于疮面，线头露于阴道外，24小时后取出。每周上药1～2次，8次为1个疗程。

功效：适用于宫颈炎。

半 夏

椿根白皮方

原料：椿根白皮12克，扁豆花9克。

制法：将扁豆花、椿根白皮加水200毫升，煎煮至150毫升。

用法：每日1剂，分次饮用，连服1周。

功效：适用于湿热下注型宫颈炎。

四味熏洗法

原料：蛇床子、苦参各30克，枯矾15克，黄柏10克。

制法：将以上原料水煎。

用法：先熏洗，后坐浴。

功效：适用于湿热型宫颈炎。

苦 参

紫草

紫草方

原料：紫草、香油各适量。

制法：紫草放入香油中，浸渍7日；也可以将香油煮沸，将紫草泡入沸油中，呈玫瑰色即可。

用法：每日1次，涂于宫颈。

功效：适用于宫颈炎。

鸡蛋

蚕砂方

原料：新蚕砂、薏米各30克。

制法：将新蚕砂、薏米一起放入砂锅内，加适量水煎服。

用法：每日1次，连服5～7日。

功效：适用于湿热下注型宫颈炎。

鸡蛋方

原料：鸡蛋1个，高锰酸钾溶液适量。

制法：鸡蛋取蛋清。

用法：先用高锰酸钾液冲洗阴道，然后将带线纱布棉球蘸上蛋清，填入宫颈口，5小时后取出，每日1～2次。

功效：适用于慢性宫颈炎。

仙人掌

仙人掌炖肉

原料：仙人掌、猪瘦肉各90克，调味品适量。

制法：将仙人掌、猪瘦肉、调味品一起入钵，隔水炖熟。

用法：10日为1个疗程，经期停用。

功效：适用于宫颈炎。

胡椒

白胡椒蒸鸡蛋

原料：鸡蛋1个，白胡椒10粒。

制法：白胡椒洗净、焙干，研细末；在鸡蛋上开一小孔，将白胡椒末放入蛋内，再用纸封住小孔，小火隔水蒸熟即可。

用法：去壳食蛋。

功效：适用于慢性宫颈炎。

子宫肌瘤

子宫肌瘤又称子宫平滑肌瘤，是女性生殖器最常见的一种良性肿瘤。多无症状，少数表现为阴道出血，腹部触及肿物，以及压迫症状等。如发生肿瘤蒂扭转或其他情况时可引起疼痛。以多发性子宫肌瘤最为常见。

中医认为，情绪对子宫肌瘤的形成有重要的影响，发病多由气滞、七情内伤，致肝失条达，血行不畅滞于胞宫而发病，表现为下腹痞块、按之可移，痛无定处、时聚时散，精神抑郁，胸胁胀满。

丹参赤芍汤

原料：丹参30克，紫草根20克，赤芍15克，大黄、甘草各6克。

制法：将以上原料以水煎煮，取药汁。

用法：每日1剂，分2次服。

功效：改善血瘀引起的子宫肌瘤。

丹参

桃仁承气汤

原料：桃仁、大黄各24克，桂枝12克，甘草、芒硝各6克。

制法：将以上原料以水煎煮2次，取药汁200毫升。

用法：每日1剂，分2次服用。

功效：破血下瘀，清瘀退热。适用于子宫肌瘤的辅助治疗。

苏芎猪肉汤

原料：苏木12克，川芎10克，香附6克，黑木耳30克，猪瘦肉250克，盐、料酒、味精各适量。

制法：黑木耳水发，洗净；猪瘦肉，切块，汆烫去浮沫；苏木、川芎、香附用纱布包后扎紧。将药包、猪瘦肉、黑木耳等一并放锅中，加水、盐、料酒，煮沸后，改小火炖30分钟，加入味精调味即可。

用法：佐餐食用。

功效：活血祛瘀。适用于子宫肌瘤的调养。

大黄

金银花

金银花鱼腥草饮

原料：金银花、土茯苓各15克，鱼腥草、炒荆芥各10克，甘草3克。

制法：将上述药材以水煎煮2次，取药汁200毫升。

用法：每日1剂，分2次服用。

功效：适用于湿毒蕴结型子宫肌瘤。

消积通经丸

原料：南香附（醋炒）300克，艾叶（醋炒）、当归（酒洗）、生地黄各60克，南芎、赤芍、桃仁（去皮）、红花（酒洗）、三棱（醋炒）、莪术（醋炒）、干漆（炒）各30克。

制法：将药材研为细末，醋糊为丸，如梧桐子大。

用法：每次服80丸，睡前以温淡盐水送服。

功效：破血通经，适用于子宫肌瘤。

生地黄

银耳藕粉汤

原料：银耳25克，藕粉10克，冰糖适量。

制法：将银耳泡发后加适量冰糖炖烂，入藕粉冲服。

用法：可经常食用。

功效：清热、润燥、止血。适用于子宫肌瘤月经量多、血色鲜红者。

银 耳

二鲜汤

原料：鲜藕、鲜茅根各120克。

制法：将鲜藕切片、鲜茅根切碎，用水煮汁。

用法：代茶饮用。

功效：滋阴凉血，祛瘀止血。用于月经量多、血热瘀阻型子宫肌瘤。

小贴士

子宫肌瘤患者饮食宜清淡，平时可以多食猪瘦肉、鸡肉、鸡蛋、鹌鹑蛋、鲫鱼、甲鱼、白鱼、白菜、芦笋、芹菜、菠菜、黄瓜、冬瓜、香菇、豆腐、海带、紫菜等。

子宫脱垂

子宫从正常位置沿阴道下降，宫颈外口达坐骨棘水平以下，甚至子宫全部脱出于阴道口外，称为子宫脱垂。多发生于从事重体力劳动的中年女性，且以产后为多见。子宫脱垂患者有腹部下坠的感觉，尤其是在腰酸、走路及下蹲时，感觉更为明显，严重时，脱出物不能还纳，影响行动。宫颈因长期暴露在外，会发生黏膜表面增厚、角化或发生糜烂、溃疡。

中医认为，本病是由于患者素体虚弱，中气不足，气虚下陷，致使子宫下坠阴道或伸出阴道口外面；或因生育过多、房事过多，致使肾气亏耗，带脉失约，冲任不固，加之产后过早地从事体力劳动，从而引起子宫脱垂。对于此病的调理，可针对病因对症选用老偏方。

丝瓜络方

原料：丝瓜络60克，白酒500毫升。

制法：将丝瓜络烧成炭，研为细末，分成14包。

用法：每日早、晚饭前各服1包，用白酒10～15毫升送服。7日为1个疗程，间隔5～7日进行第2个疗程。

功效：可缓解子宫脱垂症状。

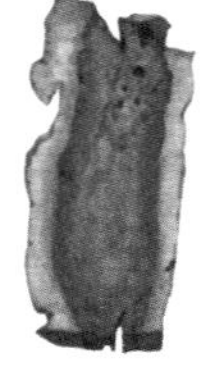

白术

黄芪白术粥

原料：黄芪30克，白术、柴胡各15克，粳米100克。

制法：将前三味水煎取汁，兑入煮好的粳米粥内即成。

用法：每日1剂，分2次服。

功效：适用于子宫脱垂。

枳壳茺蔚子汤

原料：枳壳30克，茺蔚子15克，红糖适量。

制法：将前二味水煎取汁，调入红糖饮用。

用法：每日1剂，分2次服。

功效：理气活血。适用于气虚型子宫脱垂。

柴胡

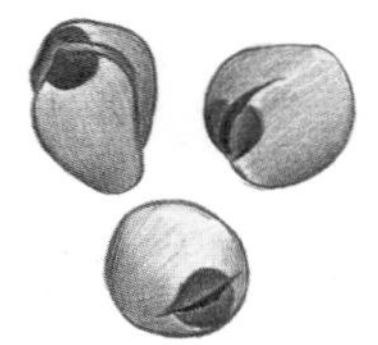
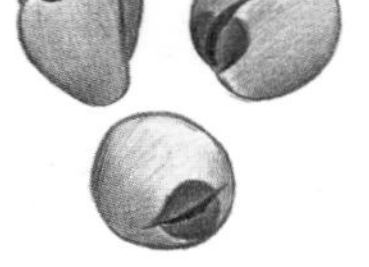

莲 子

莲子炖猪肚

原料：莲子250克，猪肚1具，黄酒、酱油各适量。

制法：将莲子洗净，冷水浸泡半小时；猪肚洗净，剖一道口，将莲子塞入肚腔内，再用线将猪肚封口，把猪肚放入砂锅内，加清水用大火烧开，加黄酒2匙，再改小火慢炖，直至猪肚酥烂，将猪肚切开，拆线，取出莲子，烘干，磨成粉。

用法：每次服用莲子粉1匙，每日3次；猪肚蘸酱油佐餐食用。

功效：适用于子宫脱垂。

河 蟹

河蟹方

原料：河蟹、黄酒各适量。

制法：河蟹烧存性，研为细末。

用法：温黄酒送服。每次2克，每日2~3次。

功效：适用于产后子宫脱垂。

黄 酒

生黄芪方

原料：生黄芪60克。

制法：水煎。

用法：每日1剂，连服10剂。

功效：适用于子宫脱垂。

团鱼头方

原料：团鱼头5~10个。

制法：团鱼头洗净切碎，炒黄焙焦，研细末。

用法：每晚睡前，用黄酒或米汤送服3克。

功效：适用于子宫脱垂之中气下陷者。

黄 芪

山豆根方

原料：山豆根30克。

制法：水煎。

用法：每日1剂，分2次服，连服7~14日。

功效：适用于子宫脱垂气虚证。

茄蒂方

原料：茄蒂7个。

制法：茄蒂水煎，取药汁饮用。

用法：每日1剂。

功效：适用于轻度子宫脱垂。

茄 子

生核桃皮方

原料：生核桃皮50克。

制法：生核桃皮水煎取汁。

用法：外洗，每日1剂，分2次洗，连用1周。

功效：适用于子宫脱垂。

核 桃

磁石方

原料：磁石30克，黄酒适量。

制法：磁石煅研为末，用米汤制为丸，如梧桐子大。

用法：临睡时，用酒送服，每次40丸。

功效：适用于子宫脱垂。

鲫鱼芪枳汤

原料：鲫鱼150克，黄芪15克，枳壳（炒）9克，生姜、盐各适量。

制法：鲫鱼去鳞、鳃、内脏，洗净。先煎黄芪、枳壳30分钟，后下鲫鱼，鱼熟后放入生姜、盐调味。

用法：酌量服用，连服3～4周。

功效：适用于气虚型子宫脱垂。

鲫 鱼

南瓜蒂方

原料：老南瓜蒂6个。

制法：将瓜蒂对剖开，煎取浓汁。

用法：顿服。每日1剂，5日为1个疗程。

功效：适用于子宫脱垂。

南 瓜

黄芪

山药

香蕉

黄鳝汤

原料：黄鳝2条，生姜、盐各适量。

制法：黄鳝洗净，去内脏，切段，加生姜、盐及清水煮汤。

用法：饮汤食肉。每日1次，1个月为1个疗程。

功效：补中益气。适用于气虚所致的子宫脱垂。

黄芪粥

原料：黄芪20克，粳米50克，红糖少许。

制法：黄芪加水200毫升煎至100毫升，去渣取汁，加入粳米中如常法煮成粥。

用法：食用时加入红糖调味。每日早、晚各服1次，10日为1个疗程。

功效：补中益气，补气升提。

山药方

原料：山药120克。

制法：将山药煮熟。

用法：每日早晨食1次。

功效：适用于子宫脱垂。

香蕉根方

原料：香蕉根60克。

制法：香蕉根水煎服。

用法：每日1剂。

功效：适用于子宫脱垂。

小贴士

1.增加营养，多食有补气、补肾作用的食物，如山药、芡实、鸡肉、泥鳅、淡菜、韭菜、红枣等。

2.注意卧床休息。睡觉时宜垫高臀部或足部，垫高两块砖的高度即可。

3.避免长期站立，或下蹲、屏气等增加腹压的动作。

4.适当进行运动，坚持做提肛运动，以防肌肉组织过度松弛或过早衰退。

乳腺增生

乳腺增生是乳房的一种慢性非炎症性疾病，是女性的多发病之一，多见于25～45岁的女性。

乳腺增生主要以乳房周期性疼痛为特征。起初为弥漫性胀痛，触痛以乳房外上侧及中上部最为明显，每月月经前疼痛加剧，行经后疼痛减退或消失。严重者经前经后均呈持续性疼痛。有时疼痛向腋部、肩背部、上肢等处放射。

中医学称乳腺增生为“乳癖”，认为此症是由于郁怒伤肝或思虑伤脾、气滞血瘀、痰凝成核所致。

山楂橘饼茶

原料：生山楂10克，橘饼7个，蜂蜜1～2匙。

制法：将生山楂、橘饼放入沸水中闷泡，待茶温热时，再调入蜂蜜。

用法：当茶频饮。

功效：适用于乳腺增生。

生山楂

橘饼饮

原料：金橘饼50克。

制法：将金橘饼洗净，加适量水以中火煎煮15分钟。

用法：每日1次。

功效：适用于乳腺增生。

橘子籽方

原料：橘子籽500克。

制法：橘子籽烘干，研为细粉。

用法：每次服用10克，每日2次，温水送服，连续服用效果很好。

功效：适用于乳腺增生。

橘 子

八角茴香

核桃茴香方

原料：核桃1个，八角茴香1颗。

制法：取核桃仁、八角茴香，于饭前嚼烂后吞下。

用法：每日3次，连用1个月。

功效：适用于乳腺增生较轻者。

柴胡

肉苁蓉归芍蜜饮

原料：肉苁蓉15克，当归、赤芍、金橘叶、半夏各10克，柴胡5克，蜂蜜30克。

制法：将以上各味除蜂蜜外分别拣去杂质，洗净，晾干或切碎，放入砂锅，加适量水，浸泡片刻，煎煮30分钟，用纱布过滤，取汁，待其温热时，加入蜂蜜，拌和均匀。

用法：上、下午分服。

功效：缩小、去除乳腺结块，缓解疼痛。

郁金

兜药法

原料：公丁香、郁金、地龙、丝瓜络各15克，赤芍20克。

制法：将上述各味药共研成粗末。用纯棉白布做成大小合适的小袋（缝制时在靠外侧加一层软塑料膜），将以上药末分装为两袋，封口后放置在内衣夹层内，有塑料膜的一侧向外，另外一侧紧贴在增生的乳腺上。

用法：可以用线将药袋固定在适宜位置，每周换1次，4周为1个疗程。

功效：改善乳腺增生。

小贴士

1.佩带合适的文胸，以托起乳房；同时还要避免活动时对乳房的刺激，以减轻疼痛。

2.患乳腺增生的女性应定期体检，警惕乳腺癌发生。

3.保持心情舒畅，情绪稳定。如果经常过度紧张、忧虑悲伤，会加重内分泌失调和乳腺增生的症状。

乳腺炎

乳腺炎是乳腺受细菌感染所致的炎性病变，是产褥期的常见病，是引起产后发热的原因之一，最常见于哺乳期女性，尤其是初产妇。

在众多的乳腺疾病中，乳腺炎的发病率相对较高。它主要表现为乳房结节硬块、红肿疼痛、排乳不畅，腋下淋巴结肿大，伴发热，日久局部化脓跳痛。

中医认为，哺乳方法不当或乳汁多而少饮，或断乳不当，均会导致乳汁瘀积，乳络阻塞而成块，郁久化热酿脓成痈。或情志不畅，肝气郁结致乳络闭阻不畅而成乳痈。选择老偏方应以疏肝清胃、通乳消肿或者清热解毒、托里透脓为原则。

蒲公英粥

原料：蒲公英50克，粳米100克。

制法：蒲公英洗净，切碎，煎取药汁，去除渣，然后加入粳米一起煮粥，以稀薄为好。

用法：每日2次，稍温服，3日为1个疗程。

功效：适用于缓解急性乳腺炎。

蒲公英

黄花菜根炖猪蹄

原料：猪蹄1只，黄花菜根适量。

制法：将猪蹄清洗干净，与黄花菜根一起加水同煮，至猪蹄熟烂。

用法：食肉、菜，饮汤。

功效：适用于乳腺炎。

马兰方

原料：马兰（鲜品）120克，白糖适量。

制法：将马兰捣烂取汁，加适量白糖调匀。

用法：每日1剂，分3次口服。药渣局部外敷。

功效：适用于急性乳腺炎。

马兰

绿 豆

红 花

醋

决明子

马兰根方

原料：马兰根90克，米酒适量。

制法：马兰根水煎，另取适量鲜叶，加米酒捣烂。

用法：饮服马兰根药汤，马兰叶敷于患处（不可敷乳头）。

功效：适用于急性乳腺炎。

血余炭方

原料：血余炭适量，绿豆30克。

制法：将血余炭与绿豆一起碾碎，研为细末。

用法：用水调敷于患处，每日1次。

功效：适用于急性乳腺炎初期。

芒硝方

原料：芒硝适量。

制法：将芒硝以1∶5的比例溶入沸水中，待温度适宜时用厚纱布蘸取药液。

用法：热敷于患处，每次20～30分钟。每日3次，3日为1个疗程。

功效：适用于乳腺炎。

红花涂擦法

原料：红花15克，蒲公英18克，醋200毫升。

制法：将上述前两味药清洗干净后一并泡入醋内，30分钟后捞出。

用法：将其直接敷贴于患处，为保持患处湿润，每隔30分钟取泡药之醋涂擦，3小时后去除，次日可原药再用。

功效：适用于乳腺炎成脓期。

决明子方

原料：决明子100克。

制法：水煎。

用法：每日服1剂，连服3剂。

功效：适用于乳腺炎。

地龙草乌膏

原料：鲜地龙3条，草乌末10克。

制法：将鲜地龙与草乌末一起捣成膏状。

用法：敷于患处，每日1次。

功效：适用于急性乳腺炎。

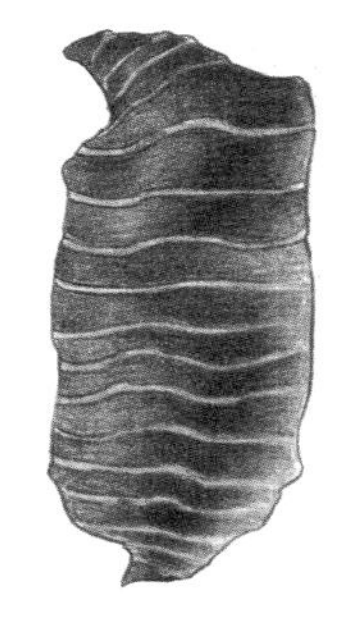

地龙

水仙花根方

原料：水仙花根适量。

制法：水仙花根捣烂。

用法：敷患处，干则更换。

功效：适用于急性乳腺炎。

鲜葱方

原料：鲜葱150克。

制法：煎汤。

用法：先熏后洗患侧乳房，每日3～5次，2日为1个疗程。

功效：适用于乳腺炎。

葱

大田基黄方

原料：大田基黄35克。

制法：水煎。

用法：口服，每日2次，连服2日。如果病情严重，可适当延长服药时间。

功效：可改善乳腺炎症状。

贯众方

原料：贯众、白酒各适量。

制法：贯众研为细末，加适量白酒调匀。

用法：未溃者遍搽肿痛处，已溃者敷疮口周围。

功效：适用于急性乳腺炎红肿已溃、未溃者。

贯众

瓜蒌仁牛蒡汤

原料：瓜蒌仁、天花粉各12克，金银花、皂角刺各30克，陈皮、黄芩、生栀子、牛蒡子、青皮各10克，连翘20克，柴胡、生甘草各9克。

制法：以上各味用水煎汁。

用法：每日1剂，分2次服用。

功效：适用于治疗急性乳腺炎。

黄芩

芙蓉叶方

原料：鲜芙蓉叶适量。

制法：鲜芙蓉叶洗净，捣烂。

用法：敷患处。

功效：适用于急性乳腺炎。

甘草

漏通酒

原料：漏芦、木通、川贝各10克，甘草6克，料酒250毫升。

制法：上述材料加料酒和水煎至减半，去渣饮用。

用法：每日1剂。

功效：通络散结。适用于乳腺炎初起。

仙人掌方

原料：仙人掌1块。

制法：仙人掌去刺，洗净，捣糊。

用法：外涂患处。每日1次，3日为1个疗程。

功效：适用于乳腺炎初起。

仙人掌

豆腐大飞扬草汤

原料：豆腐200克，大飞扬草15克（鲜品30克），盐适量。

制法：将豆腐切成块，加入大飞扬草与适量水，煮成汤，加盐调味。

用法：喝汤，吃豆腐。

功效：通乳止痛。适用于急性化脓性乳腺炎早期。

乳腺癌

乳腺癌是指发生在乳房内部乳腺上皮细胞的恶性肿瘤，是女性常见的恶性肿瘤。20岁以后发病率逐渐上升，绝经后发病率会持续上升。本病的发病原因还未明确，一般认为与雌激素、孕激素有直接的关系。

本病在中医属于“乳岩”的范畴，中医认为，本病多由忧思郁怒、情志不畅、运化失常、痰浊内生、郁怒伤肝等因素所致，偏方选择上常以疏肝解郁、化痰散结、调摄冲任、理气散结为主。

南瓜蒂方

原料：南瓜蒂适量，黄酒60克。

制法：将南瓜蒂烧炭（存性）研末。

用法：黄酒送服，早晚各1次，每次2个。常喝酒的人可以适当增加酒量。已经溃烂者可用香油调敷患处。

功效：适用于乳腺癌已溃、未溃者。

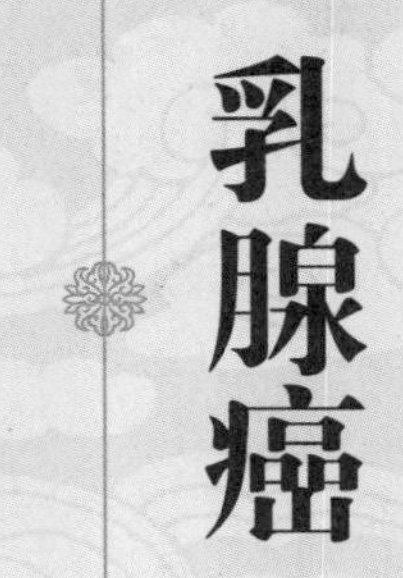

南瓜

鲜黄鱼方

原料：鲜黄鱼10～20条，陈酒适量。

制法：将黄鱼的脊鳍撕下，贴在石灰壁上，不要让其沾上水，贴得越久越好。

用法：用时取脊鳍火炙成炭研末，陈酒送服，每次6～9克，每日2～3次，连服1个月。

功效：适用于乳腺癌。

黄酒

龟甲方

原料：龟甲数枚，红枣（去核）、黄酒、白糖各适量。

制法：将龟甲炙黄研为细末，用红枣捣和为丸。

用法：用时以黄酒、白糖各半调服，也可用温水送服，每次9克。

功效：适用于乳腺癌。

红枣

延胡索

延胡索方

原料：延胡索10克，枳壳15克，鹌鹑蛋4个，蜂蜜适量。

制法：延胡索洗净，鹌鹑煮熟去壳，上述前三者同入锅置旺火上，加水适量，再用小火煮20分钟，加入蜂蜜调食。

用法：每日1剂。

功效：适用于乳腺癌胸胁胀痛者。

海带

海带萝卜粥

原料：海带15克，白萝卜150克，糯米100克，姜末、盐、味精各适量。

制法：海带用冷水浸泡12小时，洗净后切成末，白萝卜洗干净，切成小丁，糯米洗净去杂，一起煮成粥，加入盐和姜末同食。

用法：每日1剂。

功效：适用于乳腺癌属痰湿型。

山药

山药炖鸽子

原料：山药30克，家鸽1只，醋鳖甲30克，盐适量。

制法：将山药洗净，家鸽去内脏、切碎，与醋鳖甲一起加水炖熟，加盐调味。

用法：每日1剂。

功效：适用于乳腺癌。

香油

密陀僧方

原料：密陀僧120克，香油120克。

制法：二者同熬至滴水成珠。

用法：取膏药温贴患处，已溃者，则需要疮口露出，将药贴在周围，以便于向外排脓。

功效：适用于乳腺癌。

小蓟陈酒方

小蓟

原料：小蓟（鲜品连根）120克，陈酒60～90克。

制法：将小蓟洗净捣烂绞汁。

用法：每日1剂，陈酒送服。分2次服，以未溃为限，服至消散为止。

功效：适用于乳腺癌。

酵母乳方

原料：酵母乳（白色最好）适量，蜂蜜适量。

制法：将酵母乳榨汁，兑入蜂蜜饮用。

用法：每日3大杯。

功效：适用于乳腺癌。

仙人掌

仙人掌方

原料：仙人掌1块。

制法：仙人掌去刺，捣成泥状。

用法：敷患处，重者连敷2次。

功效：适用于乳腺癌。

生蟹壳方

黄酒

原料：生蟹壳10个，黄酒适量。

制法：将生蟹壳放瓦上焙干，研成末，黄酒送服。

用法：每次6克，每日3次。

功效：适用于乳腺癌初期。

小贴士

手术是目前治疗乳腺癌的首选方法，患者在手术前后应努力进餐，以增加营养。在放疗期间，宜清淡饮食，不宜多食厚味油腻之品。平时也要注意加强对该病的预防，如果发现乳房有肿块、非哺乳期乳头有溢液、腋窝淋巴结肿大和上肢水肿要立即到医院做进一步的检查。平时要注意饮食有节，营养不良或肥胖对乳腺癌的防治都非常不利。

更年期综合征

更年期综合征是指女性在45～55岁，由于生理改变，机体一时不能适应而出现的一系列综合征，如月经紊乱、头晕耳鸣、燥热盗汗、心悸失眠、烦躁易怒、精神异常、面浮肢肿、神疲乏力、血压波动等。

中医认为，更年期综合征主要为绝经前后肾气渐衰，冲任二脉虚弱，天癸渐竭，生殖能力降低或消失，部分女性由于素体差异及生活环境影响，不能适应这种生理变化，使阴阳失去平衡，脏腑气血不相协调而致。

选择老偏方应以益气补肾、调经养血、舒肝解郁为主，可以缩短更年期，减轻更年期带来的痛苦，帮助女性顺利度过更年期。

酸枣仁

酸枣仁粥

原料：酸枣仁30克，粳米50克。

制法：酸枣仁水煎取汁，然后与粳米一起加水煮粥。

用法：每日1剂，连服10日为1个疗程。

功效：适用于更年期综合征。

百合

百合红糖饮

原料：百合60克，红糖适量。

制法：百合加红糖、水共煎，取汁饮用。

用法：每日1剂。

功效：适用于更年期综合征。

山楂

山楂荷叶茶

原料：山楂25克，荷叶20克。

制法：山楂、荷叶一同加水适量煎制取汁。

用法：代茶饮。

功效：降压调脂。适用于更年期高血压、高脂血症以及单纯性肥胖症等。

黑芝麻粥

原料：黑芝麻15克，粳米100克。

制法：黑芝麻炒黄研泥，与粳米煮粥。

用法：空腹食粥。

功效：适用于更年期综合征。

黑芝麻

荷叶方

原料：鲜荷叶30克，核桃肉3个。

制法：将荷叶与核桃肉一起捣烂水煎。

用法：每日1剂，晚上睡前服用。

功效：适用于更年期综合征。

核 桃

水煮百合

原料：鲜百合50克。

制法：将百合用清水浸泡1夜，捞出，加水200毫升，煮熟。

用法：食百合，饮汁。

功效：适用于更年期综合征。常服有效。

生 姜

五味子方

原料：五味子100克。

制法：用水煎汤。

用法：代茶饮，每日1剂。

功效：适用于更年期综合征。

附片鲤鱼汤

原料：制附片15克，鲤鱼1条（约500克），生姜末、葱花、盐、味精各适量。

制法：制附片水煎取汁，将鲤鱼处理干净，再将药汁倒入锅内，一同煮鲤鱼，熟时放入生姜末、葱花、盐、味精调味。

用法：食鱼饮汤。

功效：适用于更年期见头晕目眩者。

鲤 鱼

当归

当归炖羊肉

原料：当归30克，羊肉250克。

制法：当归与羊肉一同炖熟。

用法：食肉饮汤。

功效：适用于更年期综合征属肾阳虚者。

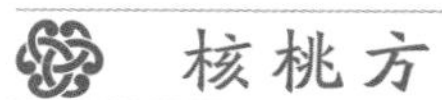

核桃方

原料：核桃仁20克，白糖50克，黄酒100毫升。

制法：将核桃仁捣碎，与白糖一起放入锅中，加入黄酒，再用小火烧开，煮沸10分钟即可。

用法：睡前一次服下。

功效：适用于更年期综合征见失眠者。

莲子

莲子百合粥

原料：莲子、百合、粳米各30克。

制法：莲子、百合与粳米一同煮粥。

用法：每日早、晚各服1次。

功效：适用于绝经前后伴有心悸不寐、怔忡健忘、肢体乏力、皮肤粗糙者。

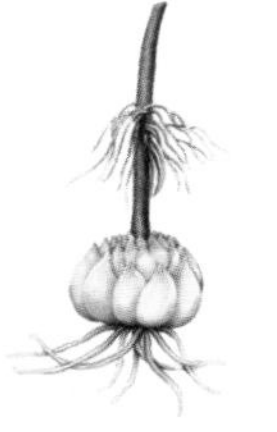

百合

小贴士

1.更年期女性宜多吃类黄酮素含量多的黄豆以及钙含量多的芝麻等，以增强骨密度，防止患上更年期骨质疏松症。主食应以含膳食纤维多的粗粮为主。食用油最好用含不饱和脂肪酸多的植物油，如玉米油、葵花籽油、大豆油、花生油、菜籽油等。

2.注意补充体内逐渐消失的雌激素，女性可以从植物性食物中摄取植物性雌激素，如大豆，这是天然的女性激素来源。

3.忌辛辣刺激之物，如辣椒、胡椒等；忌吃含胆固醇高的食物，如蛋黄、黄油、奶油、动物油、肥肉等。

4.更年期女性要学会自我安慰、自我排解，避免精神紧张和情绪激动，合理地安排生活，积极对症治疗。

性冷淡

性冷淡是指性幻想和对性生活的欲望持续或反复不足或完全缺失，又称性欲抑制。性冷淡与性快感缺乏是两个不同的概念，两者可以同时出现，也可能不同时出现。

中医称此病为阴冷或女子阴痿等，可以选择一些中药偏方来进行改善。

参芪附片锁阳汤

原料：黄芪、怀山药、巴戟天、党参、枸杞子、肉苁蓉各15克，菟丝子、煅牡蛎、阳起石各20克，熟附片、锁阳、山茱萸各10克。

制法：将以上原料以水煎煮，取药汁。

用法：每日1剂，分2次服用。

功效：温补肾阳，提高性欲。适用于女性性冷淡。

巴戟天

炸麻雀

原料：麻雀3只，生盐适量。

制法：将麻雀去毛及内脏，下油锅炸熟；生盐炒香研粉。

用法：用炸好的麻雀蘸盐，空腹食用，每日2次。

功效：适用于女性性冷淡。

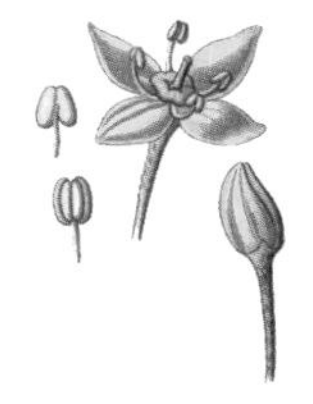

山茱萸

九子苁蓉螵蛸汤

原料：菟丝子、肉苁蓉、女贞子各20克，枸杞子、覆盆子、山茱萸、金樱子、鹿角霜各15克，车前子、韭菜子、桑螵蛸、蛇床子各10克，五味子6克。

制法：将以上各味以水煎煮，取药汁。

用法：每日1剂，分2次服用。

功效：适用于女性性冷淡。

女贞子

羌活

药枕法

原料：沉香6克，甘松10克，羌活、藿香、丁香、肉桂各30克，干姜、辛夷花、檀香、木香各20克。

制法：将以上各味共研为粗末。

用法：装入布袋内即成药枕，睡觉时用。

功效：适用于女性性冷淡。

红参蛤蚧苁蓉酒

原料：红参20克，蛤蚧1对，肉苁蓉50克，米酒1000毫升。

制法：将以上前三味浸入1升米酒内，1周后饮用。

用法：适量饮用。

功效：适用于女子性冷淡。

注意事项：暑热天不宜饮用。

五灵脂

填脐法

原料：五灵脂、白芷、附子、盐各6克，桂枝、淫羊霍各10克。

制法：将以上各味研末，炒热。

用法：填入脐窝内及脐周1寸，上盖纱布，15～20分钟，每日1次，连用7日。

功效：适用于女性性冷淡。

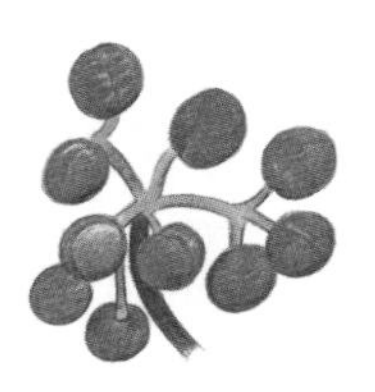

花椒

米酒蒸子鸡方

原料：未啼公鸡1只，糯米酒500克，葱2段，姜2片，花椒5粒。

制法：将鸡去毛及内脏，洗净后切成核桃大小的块，加葱段、姜片、花椒及糯米酒，蒸熟即可。

用法：佐餐食用。

功效：适用于女性性冷淡。

小贴士

如果出现较长时间的性冷淡，首先要确定是否与身体疾病有关，如糖尿病、循环系统问题等。

夫妻多年如果性生活正常，但是一直没有孩子，男方的生殖功能正常，这种情况称为女性不孕症。目前，女性患不孕症的概率有增长趋势。

夫妻同居，若性生活正常，不采用任何避孕措施，婚后2年内未受孕，女方从未怀过孕的，叫原发性不孕；曾经有过妊娠但已经2年未能受孕的叫继发性不孕。

中医认为，女性不孕多为先天肾气不足，或七情六欲损伤、脏腑气血失调所致。选择老偏方应以温肾补气、滋阴养血、舒肝解郁、活血化瘀、调补冲任为主。

茶树根香附子饮

原料：茶树根20克，小茴香5克，香附子10克，红糖30克。

制法：将以上前三味加水煎煮，去渣留汁，调入红糖即可。

用法：每日1剂，连服7～10日。

功效：理气活血，促进孕育。适用于血气不和、经血不调所致之不孕症。

香附

黑芝麻方

原料：黑芝麻、米酒各适量。

制法：黑芝麻炒熟。

用法：临睡前服，米酒送服。每月月经来潮前服1～2次。

功效：适用于女性宫冷不孕。

黑芝麻

紫河车丸

原料：紫河车2具，黄酒适量。

制法：将紫河车洗净，以黄酒煮烂，捣成泥，炼蜜为梧桐子大的丸。

用法：米酒送服，每日10克，分2次服。

功效：适用于女性不孕症、子宫发育不全或肾虚等。

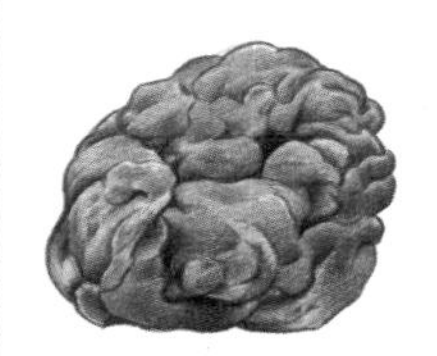

紫河车

益母草

归芍益母汤

原料：当归、白芍各9克，益母草15克，川芎、枳壳、木香、羌活各5克，肉桂3克。

制法：将以上各味用水煎服。

用法：每次于月经前连服7剂。每日1剂，分2次服。

功效：疏肝解郁，养血调经。

蚕砂生姜方

红花

原料：蚕砂12克，生姜10克。

制法：蚕砂与生姜一起水煎，取药汁饮用。

用法：每日1剂。

功效：适用于女性不孕症。

红花蒸鸡蛋

原料：鸡蛋1个，红花1.5克。

制法：鸡蛋上打1小孔，放入红花，用锡纸封口，蒸熟。

用法：月经第1天开始服，每日1个，9日为1个疗程，第2个月经周期如前法服用即可。

功效：适用于女性不孕症。

苍术

苍术神曲粥

原料：苍术、陈皮各15克，神曲30克，粳米100克。

制法：将前三味水煎取汁。放入粳米粥内，再稍煮至粥成即可。

用法：每日1剂。

功效：祛湿化痰，理气调经。适用于痰湿型女性不孕症。

淫羊霍熟地酒

熟地黄

原料：淫羊霍250克，熟地黄150克，白酒1.25升。

制法：将前两味共研细碎，纱布包贮，浸于白酒中，密封保存，春夏3日、秋冬5日后方可开封取用。

用法：每日取适量温饮。

功效：适用于宫冷不孕的女性。

红花丹参鸡

原料：红花15克，丹参25克，当归20克，赤芍、桃仁、香附、青皮、川芎各10克，土鳖虫、炮穿山甲（代）各8克，鸡1只（1000克），葱、生姜、料酒、盐各适量。

制法：将以上前十味洗净，切碎，装入纱布袋内，扎紧口；鸡宰杀后，去毛、内脏及爪；生姜切片；葱切段。将鸡、药包、姜片、葱段、盐同放炖锅内，加水2500毫升，置大火上烧沸，再用小火炖煮1小时即成。

用法：佐餐食用。

功效：滋阴补肾。适用于女性不孕症。

当归

青虾炒韭菜

原料：青虾250克，韭菜100克，黄酒、酱油、醋、姜丝各适量。

制法：将青虾、韭菜分别洗净，切段。先以植物油煸炒虾，烹入调料，再加入韭菜煸炒熟。

用法：佐餐食用。

功效：适用于肾虚型不孕症。

韭菜

益母草鸡蛋饮

原料：益母草30克，当归15克，鸡蛋2个。

制法：将益母草、当归加清水2碗煎取1碗，用纱布滤渣；鸡蛋煮熟，冷却去壳，划小孔数个，用药汁稍煮片刻。

用法：饮药汁，吃鸡蛋。每周2～3次，1个月为1个疗程。

功效：适用于不孕症。

益母草

小贴士

1.尽量避免人工流产。人工流产手术有可能引发子宫感染，破坏受孕环境，造成无法孕育胎儿。

2.心情紧张也是引起女性不孕的一个重要因素，因此平时一定要保持愉悦的心情，消除紧张的情绪。

尿路感染

尿路感染是由细菌（极少数可为真菌、原虫、病毒）直接侵犯尿路引起的。尿路感染分为上尿路感染和下尿路感染。上尿路感染指的是肾盂肾炎，下尿路感染包括尿道炎和膀胱炎。本病好发于女性，以中年女性居多。

尿路感染在临床上以尿频、尿急、尿痛、尿液浑浊，腰痛或发热恶寒，偶有血尿为特点。

尿路感染归属于中医的“淋证”范畴，主要是因感受外邪与自身抵抗力下降所致。因此，可用清化湿热、补益脾肾的老偏方进行调理。

冬瓜

冬瓜汤

原料：冬瓜适量。

制法：将冬瓜煮熟。

用法：连汤服食，每日3～5次。

功效：清热利尿，适用于尿路感染、血淋。

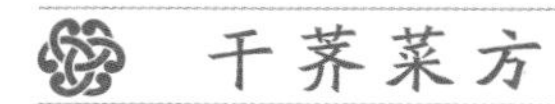

干荠菜方

荠菜

原料：干荠菜适量。

制法：研末。

用法：敷脐，每次6克，每日3次。

功效：清热利尿，适用于尿路感染、肾炎水肿及乳糜尿患者。

乌梅粥

粳米

原料：乌梅30克，粳米100克，冰糖末适量。

制法：乌梅洗净，去核；粳米淘净，用清水浸泡半小时。锅中加入适量清水，放入乌梅，用小火煮沸15分钟，然后放入粳米用大火烧沸，再改用小火熬煮成粥，再加冰糖末，搅匀即可。

用法：每日1次。

功效：促进消化，消除炎症，适用于尿路感染。

第五章

缓解孕产期不适，助您远离病痛困扰

孕产妇会因身体负担重变得比较虚弱，而且也会随之出现一些不适与疾病，这些疾病不仅会影响孕产妇生活、危害健康，也会对刚出生的婴儿的健康造成威胁。利用一些小偏方来治疗疾病，既简单又有效，对孕产妇和婴儿都有益。

妊娠呕吐

妊娠呕吐是指女性怀孕以后，1～3个月期间出现恶心、呕吐、眩晕、胸闷，甚至恶闻食味，或食入即吐等症状。妊娠呕吐一般会在短期内自行消失，对身体没有太大的影响，但也有少数病情严重者会造成水电解质紊乱及代谢障碍。

中医认为，本病主要是由于平素胃气虚弱或肝热气逆，受孕后冲脉之气上逆，致使胃失和降，或引动肝火上冲所致，当以降逆止呕、调和脾胃为治。合理运用老偏方有一定的缓解作用。

鲫鱼

砂仁粥

原料：砂仁5克，粳米100克。

制法：砂仁研细末；粳米洗净，加水煮粥，待粥煮熟后调入砂仁细末，再煮1～2沸。

用法：食粥。

功效：适用于脾虚气逆、妊娠呕吐涎沫。

知母

砂仁蒸鲫鱼

原料：鲜鲫鱼250克，砂仁5克，盐、酱油、淀粉各适量。

制法：砂仁研成细末。鲜鲫鱼去鳞和内脏，洗净。将酱油、盐、砂仁末搅匀，放入鲫鱼腹中，用淀粉封住刀口，放入盘中盖严，上笼蒸熟。

用法：佐餐食用。

功效：利湿止呕。适用于妊娠呕吐。

麦冬

安胎凉膈饮

原料：知母、麦冬各6克，人参3克，芦根12克，葛根9克，黑山栀、竹茹各4.5克，葱白2根。

制法：以上原料加水煎煮，取药汁。

用法：每日1剂，分2次服。

功效：养阴清胃。适用于妊娠呕吐。

柿蒂方

原料：柿蒂30克，冰糖60克。

制法：柿蒂与冰糖一起用水煎。

用法：每日1剂。

功效：适用于脾胃虚弱型妊娠呕吐。

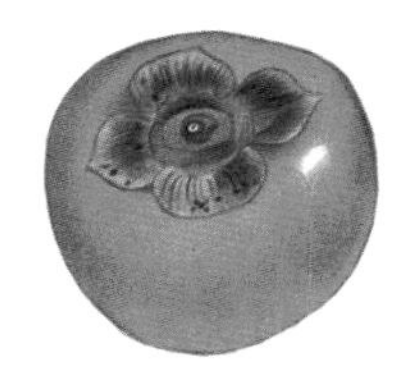

柿子

白蔻茶

原料：白蔻10克。

制法：白蔻捣碎，用沸水冲泡。

用法：含服。

功效：和胃化湿，止呕。

柚子

柚皮方

原料：柚子皮9克。

制法：柚子皮水煎。

用法：热服，每日1～2次。

功效：适用于脾胃虚弱型妊娠呕吐。

竹茹

竹茹粥

原料：鲜竹茹、糯米各50克。

制法：糯米洗净。鲜竹茹煎汁去渣，加入糯米煮成稀粥。

用法：温服，每日2～4次。

功效：适用于妊娠呕吐。

土金双倍汤

原料：人参（单煎）、紫苏子、茯苓、谷芽、巴戟天、菟丝子、白芍各9克，白术、薏米、山药各15克，神曲6克，砂仁1粒，甘草0.6克，柴胡1.5克。

制法：以上各味以水煎煮，取药汁。

用法：每日1剂，分2次服。

功效：健脾益肾，降气安胎。适用于妊娠呕吐。

人参

双汁饮

原料：甘蔗汁、生姜汁各100毫升。

制法：将甘蔗汁与生姜汁混合，隔水烫温。

用法：每次服30毫升，每日3次。

功效：适用于妊娠呕吐。

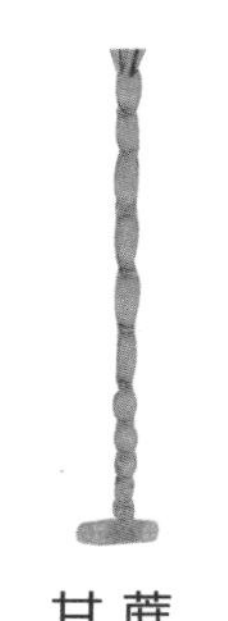

甘蔗

生姜方

原料：生姜6克，白糖60克。

制法：生姜水煎，调入白糖。

用法：趁热服。

功效：适用于脾胃虚弱型妊娠呕吐。

姜

姜汁牛奶

原料：鲜牛奶200克，生姜汁10克，白糖20克。

制法：将鲜牛奶、生姜汁、白糖混匀，煮沸即可。

用法：温热服，每日2次。

功效：益胃，降逆，止呕。适用于妊娠呕吐。

人参

人参汤

原料：人参（单煎）12克，炙厚朴、生姜、炙椒实、炙甘草各6克。

制法：将以上各味药水煎取汁。

用法：每日1剂，分3次服。

功效：益气养胃，适用于妊娠呕吐。

小贴士

1.怀孕女性饮食宜清淡，少量多餐，选择松软易消化吸收的食物。忌油炸、生冷及辛辣食物。

2.注意口腔卫生，每次呕吐后用温水或淡盐水漱一下口。

3.保持室内空气清新，避免异味对孕妇造成刺激，引发呕吐。

4.保持心情舒畅，消除恐惧及忧虑心理。

先兆流产

妊娠早期发生阴道流血，有时伴有腰酸、小腹轻微疼痛等症状称为先兆流产。

先兆流产的原因很多，例如孕卵异常、内分泌失调、胎盘功能失常、血型不合、母体全身性疾病、过度精神刺激、生殖器官畸形及炎症、外伤等。

中医认为，本病多因身体虚弱、肾虚或孕后房劳伤肾、损伤胎气、七情郁结化热、外感邪热、阴虚生热等使胎元失固而致；也可由跌打损伤所致。

黄酒煮蛋黄

原料：鸡蛋14个（取蛋黄），黄酒500毫升。

制法：将鸡蛋黄与黄酒一起放入锅中，以小火炖煮，至黏稠时即可关火。

用法：冷后存于瓶罐中备用。每次1匙，每日2次。

功效：适用于胎动不安。

鸡蛋

豆浆粥

原料：豆浆2碗，粳米50克，白糖适量。

制法：将粳米淘洗净，以豆浆煮米作粥，熟后加白糖调味。

用法：每日早晨空腹服食。

功效：调和脾胃，清热润燥。适用于人工流产后体虚调养。

粳米

柠檬膏

原料：鲜柠檬500克，白糖适量。

制法：柠檬去皮绞汁，放入锅中煎成膏状，倒入盘中，放入白糖混匀，晒干，研为细粉，装瓶备用。

用法：每次10克，沸水冲化饮服，每日2次。

功效：适用于先兆流产。

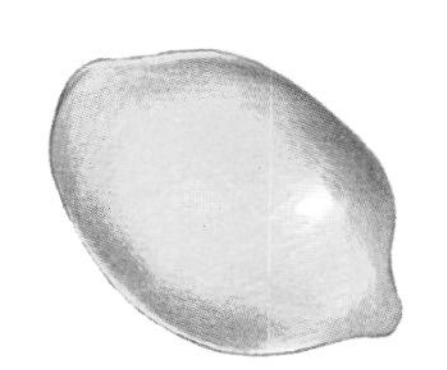

柠檬

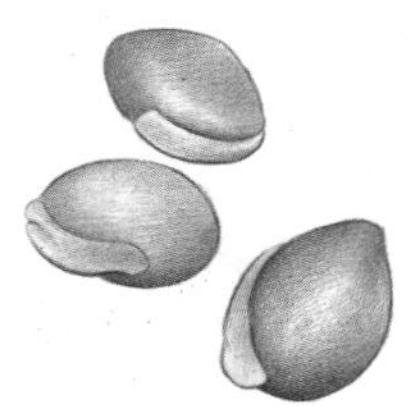

白扁豆

白扁豆方

原料：白扁豆、白糖各适量。

制法：白扁豆微炒，研为细末。

用法：每次取4～5克，用白糖水送服，隔日1次，连服数次。

功效：适用于先兆流产。

砂 仁

砂仁方

原料：砂仁、黄酒各适量。

制法：砂仁去皮，炒干，研为细末。

用法：每次5～10克，黄酒送服，觉腹中温暖胎即安。

功效：适用于先兆流产。

赤小豆

赤小豆方

原料：赤小豆、黄酒各适量。

制法：赤小豆研为细末。

用法：每次1匙，用黄酒冲服，每日3次。

功效：适用于先兆流产。

莲房方

原料：莲房适量。

制法：莲房炒炭存性，研为细末。

用法：每次服9克，每日2次。

功效：适用于先兆流产。

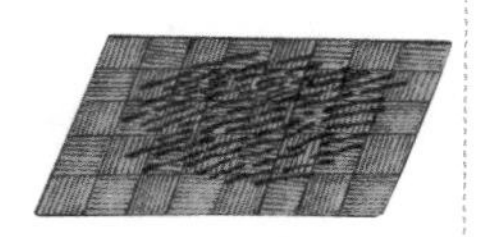

阿 胶

阿胶鸡蛋

原料：鸡蛋1个，阿胶9克，盐适量。

制法：将鸡蛋去壳调匀，加清水1碗煮沸，加入阿胶烊化，加盐调味即可。

用法：顿服。

功效：益气养血，固冲任，安胎元。

习惯性流产

习惯性流产是指连续自然流产3次及3次以上者。

习惯性流产早期仅可表现为阴道少许出血，或下腹有轻微隐痛感，出血时间可持续数天或数周，出血量较少。

一旦阴道出血增多，腹痛加重，检查宫颈口已有扩张，甚至可见胎囊堵塞颈口时，流产已不可避免。

中医学认为，肾主生殖，胞脉系于肾；母体肾气是胎儿发育的动力，而胎儿的成长又要靠气血的充养，气血是由脾胃所化生。因此，肾气不足、脾胃虚弱是导致习惯性流产的主要病因。可对症选用单偏方进行调理。

菟丝子粥

原料：菟丝子30～60克（鲜品60～100克)，粳米100克，白糖适量。

制法：菟丝子洗净，捣碎，水煎，去渣取汁，与粳米一起煮粥，粥熟后调入白糖，稍煮即成。

用法：空腹食粥。

功效：适用于习惯性流产。

菟丝子

荞麦方

原料：荞麦100克。

制法：荞麦炒黄，水煎。

用法：怀孕后每月2剂，水煎服。

功效：适用于滑胎。

荞麦

乌梅方

原料：乌梅30克，白糖适量。

制法：将乌梅与白糖一起水煎。

用法：每日1剂，水煎服。

功效：适用于习惯性流产。

肉苁蓉

肉苁蓉方

原料：肉苁蓉15克，粳米100克，葱白、生姜末、盐各适量。

制法：肉苁蓉细切，水煎取汁，加入淘洗干净的粳米煮为稀粥，熟时调入葱白、生姜末、盐即可食用。

用法：每日1剂。

功效：适用于习惯性流产。

南瓜蒂方

原料：南瓜蒂适量。

制法：将南瓜蒂放于瓦上，烧灰存性，研为细末。

用法：自受孕2个月起，每月食1个。

功效：适用于女性受孕经常3～4个月内早产者。

葱

鱼鳔方

原料：鱼鳔胶15克，猪蹄适量。

制法：先将鱼鳔胶炒一下，然后与猪蹄一起炖汤。

用法：连服3次后，再吃猪蹄，每月3次。

功效：适用于习惯性流产。

猪 蹄

桑寄生方

原料：桑寄生30克，鸡蛋2个。

制法：桑寄生与鸡蛋一起水煎，鸡蛋熟后敲破壳，再继续煎煮10分钟即可食用。

用法：每日2次。

功效：适用于习惯性流产。

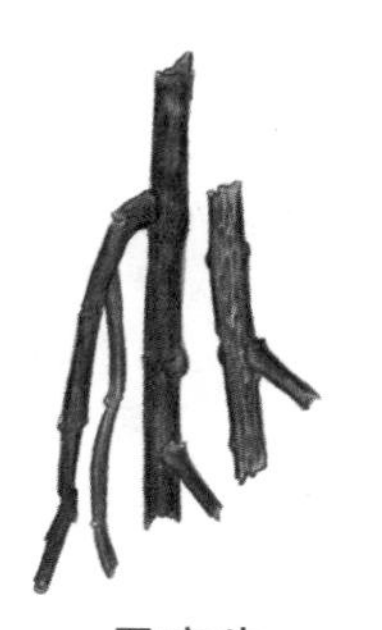
桑寄生

玉米衣方

原料：玉米嫩衣（即紧贴玉米粒的嫩皮）1张。

制法：煎汤。

用法：代茶饮，怀孕后饮至上次流产期加倍用量，直至分娩为止。

功效：适用于习惯性流产。

樱桃方

原料：樱桃2个。

用法：取樱桃2个食用，每日1次。

功效：适用于习惯性流产。

樱桃

阿胶鸡蛋汤

原料：阿胶10克，鸡蛋1个，盐适量。

制法：阿胶用水1碗烊化，鸡蛋打散调匀后加入阿胶水中煮成蛋花，加盐调味即成。

用法：每日1～2次。

功效：补血，滋阴，安胎。适用于阴血不足所致的胎动不安。

鸡蛋

鲤鱼粥

原料：鲤鱼1条，苎麻根15克，糯米50克。

制法：鲤鱼洗净、切块，苎麻根水煎取汁，加入鲤鱼块、糯米一起煮为稀粥。

用法：每日2剂，连服3日。

功效：适用于习惯性流产。

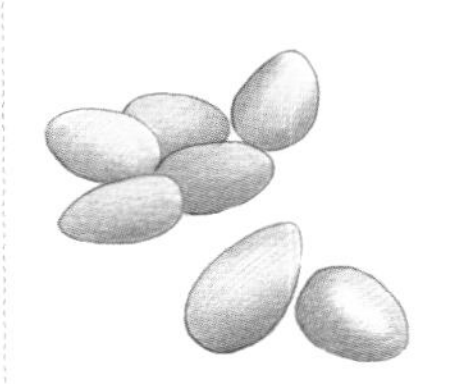

糯米

白术猪肚粥

原料：白术15克，猪肚适量，粳米100克，调味品适量。

制法：猪肚洗净。将白术、猪肚一起水煎，取汁，加淘洗干净的粳米煮为稀粥，调味即可。

用法：每日1剂，连服3～5日。

功效：适用于习惯性流产。

红枣鸡蛋汤

原料：红枣5颗，鸡蛋2个。

制法：红枣放入水中，煮至将熟时，把打散的鸡蛋液打入汤内，煮至熟。

用法：食蛋饮汤，每日1次。

功效：适用于习惯性流产。

白术

妊娠水肿

怀孕后，孕妇肢体面目等部位会发生水肿，称“妊娠水肿”，亦称“妊娠肿胀”。

孕期因受激素水平影响，内分泌发生改变，体内组织中水分及盐类潴留而使身体出现水肿。水肿最初可表现为体重的异常增加，每周超过0.5千克，或出现凹陷性水肿，多由踝部开始，渐延到小腿、大腿、外阴部、腹部，按之凹陷。宜选用具有理气行滞、利水化湿功效的偏方。

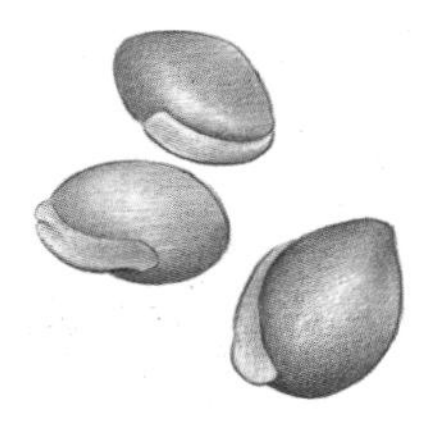
白扁豆

白扁豆秋豆角方

原料：白扁豆15克，秋豆角10克，红糖适量。

制法：白扁豆、秋豆角分别洗净，加水煎汤，取汁，调入红糖，温热服食。

用法：每日1剂，分2次服。

功效：适用于脾虚所致的妊娠水肿。

陈 皮

陈皮竹叶饮

原料：陈皮、陈瓢各10克，鲜竹叶20克，白糖适量。

制法：将陈皮、陈瓢及鲜竹叶分别洗净，煎煮数沸，然后加入白糖。

用法：代茶饮用。

功效：理气行滞，健脾化湿，适用于气滞型妊娠水肿。

茯 苓

茯苓饼

原料：茯苓（去皮）30克，干姜、肉桂各3克，面粉、白糖各适量。

制法：干姜、肉桂、茯苓分别研为末，和匀，加面粉、白糖，与水调和后做成饼，入笼蒸熟食用。

用法：每次15～20克。

功效：适用于肾虚型妊娠水肿。

产后出血

产后出血是指胎儿娩出后24小时内孕妇阴道流血量超过500毫升。这是产科常见的严重并发症，为产科危症之一，应特别重视。

产后出血主要表现为产道出血急而量多，或持续少量出血，重者可发生休克，同时可伴有头晕乏力、嗜睡、食欲不振、腹泻、水肿、乳汁不通、脱发、畏寒等。

中医认为，产后出血多是素体虚弱，气血亏虚，冲任不固，不能摄血；或瘀血内留，血瘀气滞，血液不循常道而妄行所致。

产后出血过多若不能及时制止，必然血愈耗、气愈伤，最终导致气血两脱，给产妇的健康造成极大威胁，可以对症选择老偏方来进行调养。

党参方

原料：党参120克。

制法：水煎。

用法：代茶饮。

功效：可缓解产后出血及产后面色苍白症状。

党参

三七粉

原料：三七粉适量。

用法：每次2～3克，温水冲服。

功效：可缓解产后大出血。

三七

卷柏草方

原料：卷柏全草适量。

制法：卷柏全草洗净晒干，每次15克，用沸水冲泡。

用法：一次服完，每日1～2次。

功效：适用于产后出血。

贯众方

原料：贯众1个，黄酒适量。

制法：贯众去毛及花萼，用黄酒蘸湿，慢火炙香，研为细末。

用法：空腹米汤送服，每次9克。

功效：适用于产后出血。

柿饼方

原料：柿饼、老红酒各适量。

制法：柿饼烧灰存性，研末。

用法：用老红酒冲服。

功效：适用于产后出血。

贯众

乌梅方

原料：乌梅500克。

制法：乌梅去核，熬成膏。

用法：沸水兑服，每日3次，分3日服完。

功效：适用于产后血流不止。

百草霜方

原料：百草霜、血余炭各等份，黄酒适量。

制法：将前二味研成细末。

用法：用温水加黄酒冲服，每日2次，每次9～12克。

功效：适用于产后血流不止。

乌梅

小贴士

1.孕期女性要多吃一些含钙丰富的食物，这样可以预防分娩时子宫乏力。如果在孕期出现贫血症状，要及时补充含铁丰富的食物，以提高分娩时对失血的耐受力。

2.孕期女性要适当活动，以防止胎儿过大过重，造成分娩困难，引发产后出血；有些产妇在分娩时精神过于紧张，影响子宫的正常收缩力，从而造成产后出血，因此，保持好心情特别重要。

产后缺乳

产后缺乳是指产妇在产后2～3日内以至半个月或整个哺乳期内，乳汁分泌很少或根本没有乳汁分泌，不足以或不能用母乳哺育婴儿。

中医认为，产后缺乳可分为虚、实两种证型。虚者是因为气血虚弱，或脾胃虚弱，或分娩时失血过多，致使气血不足，影响乳汁分泌；而实者是因为肝郁气滞，气机不畅，脉道阻滞，致使乳汁运行受阻。

对于气血虚弱者，选择老偏方宜补气养血，佐以通乳；对肝郁气滞者，选择老偏方宜疏肝、活血、通络。

黑芝麻粥

原料：黑芝麻25克，粳米适量。

制法：黑芝麻捣碎，粳米淘净，加水适量一起煮粥。

用法：每日2～3次，或经常佐餐食用。

功效：适用于产后乳汁不足。

黑芝麻

虾米粥

原料：虾米20克，粳米100克，调味品适量。

制法：虾米发开，洗净；粳米淘洗干净，放入锅中，加适量清水浸泡5～10分钟，小火煮粥，待沸后，加入虾米及调味品，煮至粥熟即成。

用法：每日1剂。

功效：适用于产后气血不足、乳汁缺乏。

虾 米

天花粉方

原料：天花粉20～30克，赤小豆适量。

制法：天花粉炒黄，压碾成细面；赤小豆煎汤。

用法：每次取细面5～6克，以赤小豆汤调服，每日2次。

功效：适用于产后乳汁不足。

赤小豆

南瓜子方

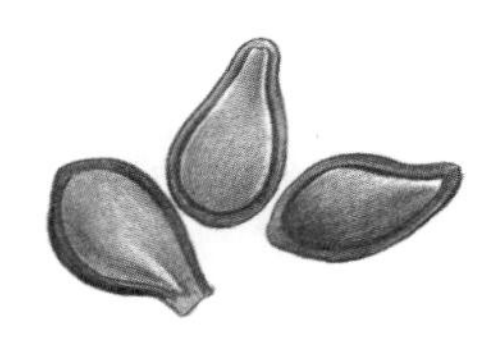

南瓜子

原料：生南瓜子适量。

制法：南瓜子剥皮取仁，直接捣成泥状。

用法：温水送服。

功效：适用于产后乳汁不足。

黄酒炖鲫鱼

原料：活鲫鱼1条（约500克），黄酒适量。

制法：将鲫鱼清洗干净，煮至半熟后，加黄酒清炖。

用法：食鱼饮汤，每日1次。

功效：通气下乳。适用于产后乳汁不下。

鲫 鱼

棉花子煎鸡蛋

原料：棉花子10克，鸡蛋2个，白糖适量。

制法：棉花子和鸡蛋加清水2碗同煎，蛋熟后去壳再煎片刻，加白糖调味。

用法：饮汤食蛋。

功效：适用于产后缺乳。

白 糖

河虾方

原料：鲜河虾180克，黄酒适量。

制法：鲜河虾微炒。

用法：每日分3～5次嚼食，黄酒煨热送服。

功效：适用于乳汁不下或无乳。

赤小豆方

河 虾

原料：赤小豆100克。

制法：赤小豆洗净，加水700毫升，大火煮至豆熟即成。

用法：去豆饮汤。

功效：适用于产后乳房充胀、乳脉气血壅滞所致的乳汁不足。

紫河车方

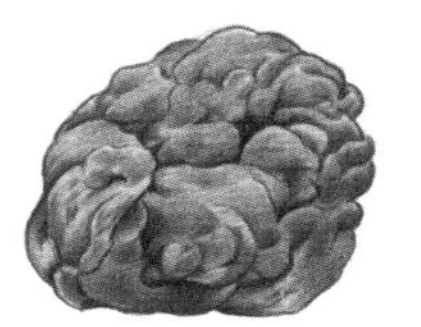

紫河车

原料：紫河车适量。

制法：紫河车去膜，洗净，慢火炒焦，研为细末。

用法：每日晚饭后服2～5克。

功效：适用于乳汁不足。

通草猪骨汤

原料：通草6～9克，猪骨500克。

制法：通草和猪骨共煮成汤。

用法：饮汤。

功效：适用于产后缺乳。

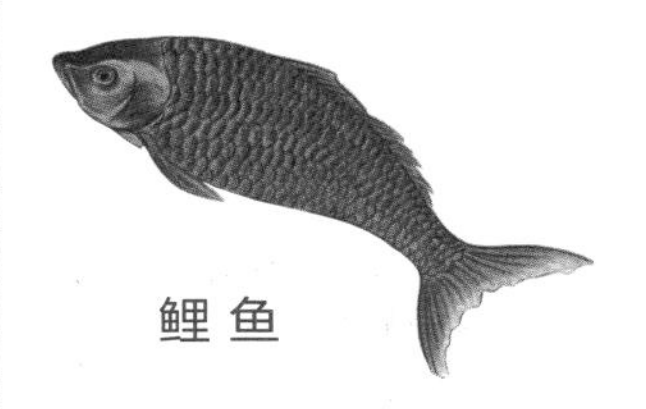

鲤鱼

鲤鱼木瓜汤

原料：鲤鱼200克，木瓜250克。

制法：鲤鱼去除内脏，洗净，与木瓜一起加水适量煎汤。

用法：食鲤鱼、木瓜，饮汤。

功效：适用于产后乳汁不足。

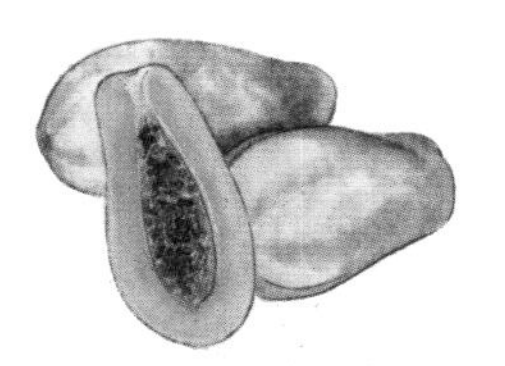

木瓜

赤包根方

原料：赤包根60克。

制法：将赤包根压碾成细末。

用法：每次2～3克，每日2次，温水送服。

功效：适用于乳汁不下。

花生猪蹄汤

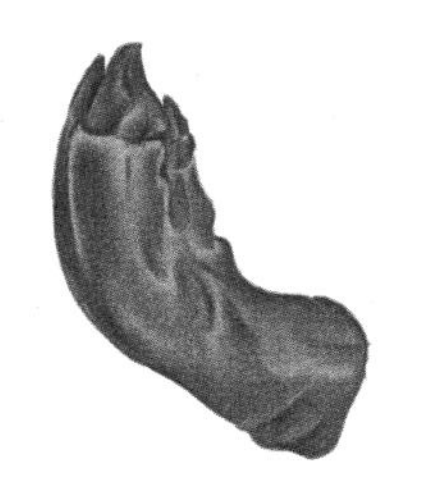

猪蹄

原料：猪蹄2只，花生仁200克，调味品适量。

制法：将猪蹄洗净，与花生仁一起放入砂锅内，加适量清水，用小火炖至猪蹄软烂，调味后食用。

用法：吃肉喝汤，可常服。

功效：适用于气血两虚型产后缺乳。

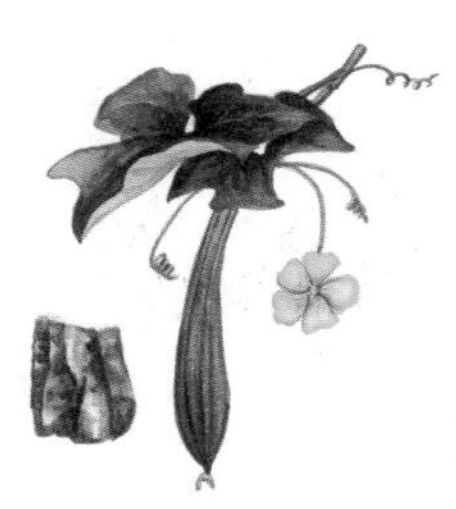

丝瓜

 老丝瓜方

原料：老丝瓜、黄酒各适量。

制法：老丝瓜阴干，烧灰研成细末。

用法：每日1匙，黄酒送服。

功效：适用于产后缺乳。

 鲫鱼通草猪蹄汤

原料：鲫鱼500克，通草9克，猪前蹄1只。

制法：鲫鱼宰杀、洗净后，与通草、猪前蹄共煮汤，熟后去通草。

用法：食肉饮汤。

功效：适用于产后缺乳。

鲫鱼

莴笋子方

原料：莴笋子60克。

制法：每次取莴笋子5～6克，水煎。

用法：代茶饮。

功效：适用于乳汁不通、乳房胀痛。

蒲公英

蒲公英方

原料：蒲公英15克。

制法：水煎。

用法：分2次服，每日1剂，连服3剂。

功效：适用于产后乳汁不足。

小贴士

1.产妇饮食上要加强营养，多食易消化、营养丰富和含钙较多的食物，如鱼、骨头汤、牛奶等。

2.忌暴饮暴食。暴饮暴食会使脾胃功能受损，影响身体对营养物质的吸收，会导致产妇气血虚弱、乳汁缺少。

3.忌哺乳期使用雌激素类药物，因为雌激素会抑制人体的催乳素，导致泌乳减少。

产后身痛

产后身痛是指产妇在产褥期间出现肢体关节酸楚、疼痛、麻木等感觉，本病主要发生于产后，属产后病范畴。中医认为，本病主要是因产妇分娩失血，耗伤精力，百脉空虚以及产后营卫失调，腠理不密，风寒湿邪侵袭所致，可采用中医偏方进行调理。

黄芪桂枝五物汤

原料：黄芪、草芍药、桂枝各9克，红枣4颗，生姜18克。

制法：将以上各味用水煎煮。

用法：每日1剂，分2次服。

功效：适用于产后感受外邪引起的身痛。

黄芪

紫苏葱白饮

原料：葱白100克，紫苏叶9克，红糖适量。

制法：将紫苏叶与葱白一起用水煎，调入红糖温服。

用法：每日1剂，代茶饮。

功效：适用于产后身痛。

木瓜

木瓜艾叶饮

原料：木瓜、生姜各9克，艾叶15克，桂圆肉2克。

制法：以上各味用水煎服。

用法：每日1剂，代茶饮。

功效：适用于产后身痛。

麸子热敷方

原料：麸子500克，醋适量。

制法：麸子放铁锅中焙黄，喷醋，趁热装入布袋内，敷痛处，盖被取汗，可多次使用。

功效：适用于产后关节痛。

桂圆

产后回乳

回乳又称回奶、断乳，如果产妇的身体状况不允许进行母乳喂养或是人工流产后都要进行回乳。如果不进行人工回乳而任其自退的话，往往会导致回乳不全进而引发月经不调，甚至多年后仍会导致溢乳或继发性不孕，所以一定要使用药物尽快退乳，以限制乳汁的分泌。

中药对促进回乳有独特的疗效，宜选择具有消食导滞、活血通经功效的老偏方。

麦芽

麦芽方

原料：麦芽60克。

制法：将麦芽炒后水煎，取汁饮服。

用法：每日1剂，代茶饮。

功效：适用于产后回乳。

枇杷叶

枇杷叶方

原料：老枇杷叶60克。

制法：将枇杷叶去毛后洗净，加入700毫升清水，用小火煎成350～400毫升。

用法：每日3次，服用至停乳为止。

功效：适用于产后回乳。

莱菔子

莱菔子方

原料：莱菔子30克。

制法：将莱菔子打碎，水煎服。

用法：分2次温服。

功效：适用于产后回乳。

注意事项：如果效果不明显的话可以继续服用。

广木香六神曲方

原料：广木香20克，六神曲10克。

制法：将二者一起研成细末。

用法：每次6克，每日2次，温水送服。

功效：适用于产后回乳。

柴胡陈皮方

原料：柴胡10克，陈皮30克。

制法：将柴胡与陈皮一起水煎服。

用法：每日2次，连服2～4日。

功效：适用于产后回乳。

柴胡

小麦麸方

原料：小麦麸子60克，红糖30克。

制法：将小麦麸子炒黄，兑入红糖，混合，炒匀。

用法：分2日服完。

功效：适用于产后回乳。

红糖

花椒鸡蛋方

原料：生花椒14～16粒，鸡蛋适量。

制法：将生花椒研成粗末，加入鸡蛋炖服。

用法：每日3次，连服2～5日。

功效：适用于产后回乳。

花椒

淡豆豉酒方

原料：淡豆豉30克，三花酒30毫升。

制法：将两者混合均匀，捣成糊。

用法：蘸取适量糊涂抹于乳房上，干后再涂，保持湿润。

功效：适用于产后回乳。

注意事项：忌食鸡、鸭、鱼肉。

鸡蛋

产后发热

产后发热是指产妇分娩之后身体持续发热或突然出现高热，是产科病症之一。常见的证型有感染邪毒型、外感风寒型、外感风热型、血瘀发热型、血虚内热型、食滞发热型、阴虚发热型等。

中医认为，本病是由外感、血虚、血瘀、食滞、感染邪毒等因素引发。是由于产妇分娩时失血耗气、正气亏损、卫外不固、风热之邪侵体所致。

人参

小柴胡汤

原料：人参4.5克，花粉6克，黄芩、柴胡、甘草各3克，生姜3片。

制法：将以上原料用水煎服。

用法：每日1剂，分2次服。

功效：和解少阳，和胃降逆，扶正祛邪，改善产后阴虚发热。

苦杏仁

桂枝麻黄汤

原料：川桂枝、炙甘草各6克，麻黄、生姜各3克，苦杏仁、红枣各10克，杭白芍20克。

制法：将以上原料用水煎服。

用法：每日1剂，分2次温服。

功效：发汗解表，调和营卫。适用于改善产后恶寒发热。

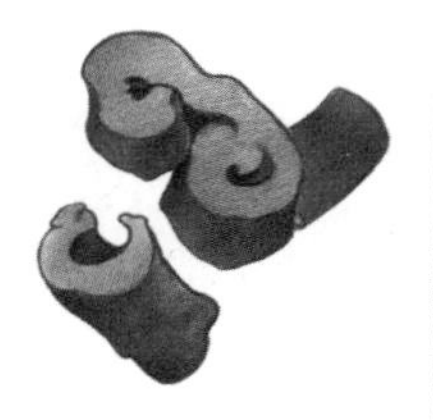

牡丹皮

熟地怀山苁蓉汤

原料：熟地黄10克，怀山药、肉苁蓉、当归身各7克，山茱萸、茯苓、杭芍各5克，牡丹皮、麦冬、川贝、炙紫菀、炙甘草各3克，五味子1克。

制法：将以上各味共水煎服。

用法：每日1剂。

功效：滋阴养血，止咳润肠。适用于产后发热。

桃仁藕汤

原料：莲藕250克，桃仁10克，红糖、盐各适量。

制法：将桃仁去皮尖，研碎；莲藕洗净，与桃仁共放入锅中加水煮成汤，加红糖、盐调味。

用法：每日1次。

功效：适用于产后血瘀发热。

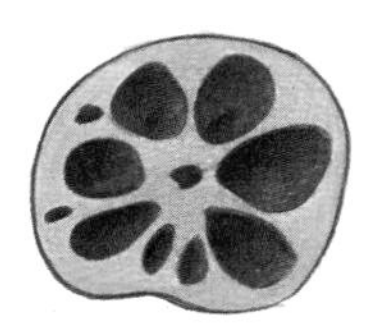
藕

绿茶荆芥苏叶饮

原料：绿茶、荆芥、苏叶各6克，生姜2片，冰糖25克。

制法：将绿茶、荆芥、苏叶、生姜片同时放入锅中，加水500毫升，小火煮沸5分钟，取汁备用；其渣再加水复煎，两次共取药汁约500克，用双层纱布过滤，装入碗内，然后将冰糖加50克水煮溶化后兑入药液内。

用法：趁热分2次服完，半小时1次。

功效：疏风，散寒，解表。适用于产后发热。

荆芥

当归益母草丸

原料：当归、益母草各30克，川芎15克，桃仁10克，甘草、牡丹皮、炮姜各5克，蜂蜜50克。

制法：将以上前七味洗净放入砂锅中，加水500毫升，煎熬至300毫升，去渣取汁过滤，浓缩，加入蜂蜜，收膏即可。

用法：每日3次，每次服30克。

功效：活血祛瘀，清热退烧。适用于产后发热。

益母草

小贴士

产后外感发热者宜多吃葱、姜、红糖、红枣、绿豆等食物；产后血虚发热者适合吃猪肝、猪肚、猪瘦肉、牛肉、牛奶、鸡蛋、葡萄、橙子、黑木耳、银耳、油菜、芹菜、西红柿等食物。

另外，产后发热应该多喝开水，帮助体温下降。产妇一天至少要喝2000毫升的水，并卧床休息。

产后尿潴留

产后尿潴留是指产后因暂时性排尿功能障碍，使部分或全部的尿液不能从膀胱排出。临床主要表现为排尿困难，小腹胀急、疼痛、坐卧不安等。

产后尿潴留包括完全性和部分性两种，前者是指自己完全不能排尿，后者是指仅能排出部分尿液。产后尿潴留不仅可能影响子宫收缩，导致阴道出血量增多，也是造成产后泌尿系统感染的重要因素之一。如果产后6～8小时不能自如排尿，子宫底高达脐以上水平，或宫底下方摸到有囊性肿物者，表明有尿潴留。本病属中医的“癃闭”范畴。

薏米

煲猪小肚

原料：猪小肚1具，党参、北黄芪、薏米各20克，升麻、北柴胡各10克，盐适量。

制法：猪小肚洗净，同其他各味药一起煲汤，熟后加盐调味。

用法：饮汤，吃猪小肚。

功效：适用于脾气下陷型产后尿潴留。

满天星车前草饮

白糖

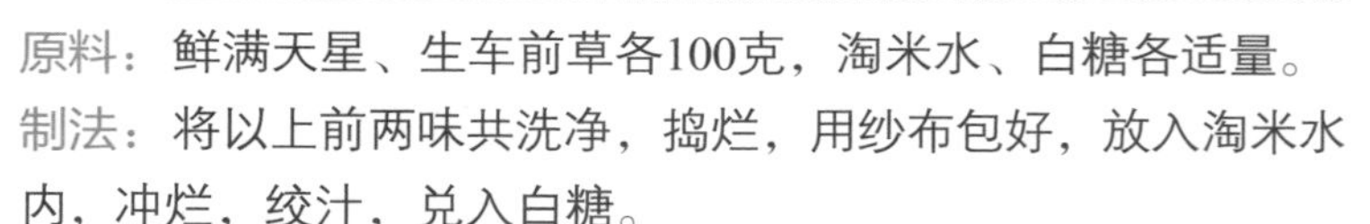

原料：鲜满天星、生车前草各100克，淘米水、白糖各适量。

制法：将以上前两味共洗净，捣烂，用纱布包好，放入淘米水内，冲烂，绞汁，兑入白糖。

用法：一次顿服。

功效：适用于产后小便不通。

麦冬鲜藕粥

麦冬

原料：麦冬60克，鲜藕150克，粳米100克。

制法：麦冬、鲜藕同捣烂，去渣取汁；粳米洗净，加麦冬藕汁及清水适量煮粥食用。

用法：每日1剂。

功效：利尿，生津。适用于津液亏损型产后尿潴留。

益气通尿汤

原料：炙黄芪12克，炙升麻、荆芥穗各9克，琥珀末（冲服）、甘草梢各3克，厚肉桂2克（后下）。

制法：将以上各味用水煎服。

用法：每日1剂，分2次服。

功效：益气通尿。适用于产后尿潴留。

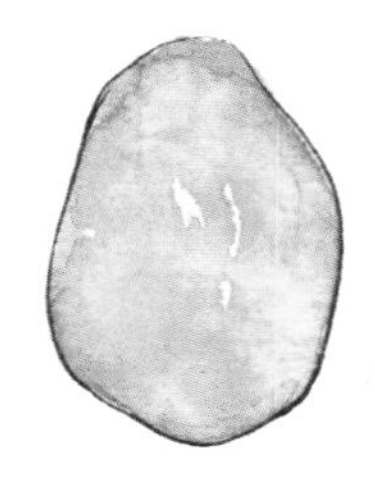
琥珀

党参方

原料：党参12克，炙绵芪、白术、桔梗、上广皮、当归身各9克，醋炒柴胡4.5克，炙升麻、粉甘草各3克，官桂2克。

制法：以上各味用水煎煮，取药汁。

用法：每日1剂。

功效：补中升清。适用于产后尿潴留。

紫菀

当归川芎方

原料：当归、桑白皮各10～15克，川芎、炮姜各6～10克，桃仁、紫菀、马兜铃各10～12克，炙甘草4～6克，白通草3～5克。

制法：以上各味用水煎煮，取药汁。

用法：每日1剂，水煎服。

功效：适用于产后尿潴留。

甘草

小贴士

产后尿潴留重在预防，了解造成尿潴留的原因，加以注意就可以预防。

1.要消除恐惧心理。产妇不习惯在床上排尿，或者由于外阴创伤，惧怕疼痛而不敢用力排尿，导致尿潴留，应排除顾虑，下床排尿。

2.产后要适量饮水，主动排尿。产后4个小时，即使无尿意也要主动排尿。

3.多坐少睡，不要总躺在床上。因为躺在床上容易降低排尿的敏感度，阻碍尿液的排出。顺产产妇，可于产后6～8小时坐起来；剖宫产的产妇术后24小时可以坐起。

产后尿失禁

产后尿失禁是由于分娩时，胎儿先露部分对盆底韧带及肌肉的过度扩张，特别是使支持膀胱底及上2/3尿道的组织松弛所致。中医将产后膀胱尿失禁归入“产后小便数候”“产后尿血候”“产后遗尿候”的范畴，统称为“产后排尿异常”。本病因为膀胱气化失职所致，与肺、肾有密切关系，可对症选用偏方加以调理。

荔枝

荔枝肉炖猪小肚

原料：荔枝肉、糯米各30克，猪小肚1个，料酒适量。

制法：猪小肚洗净，切丝。糯米淘洗干净，与荔枝肉同放入砂锅，加水以大火煮沸。下入猪小肚丝及料酒，改小火煨炖至猪小肚、糯米酥烂、汤汁黏稠。

用法：每晚温热食用。

功效：适用于尿失禁。

狗肉炖黑豆

原料：狗肉200克，黑豆100克。

制法：将狗肉、黑豆加水炖至熟烂。

用法：每日1剂。一次饮完。

功效：适用于尿失禁。

粳米

猪小肚蒸饭

原料：猪小肚1个，粳米适量（以一次吃完为度）。

制法：猪小肚洗净，粳米装进猪小肚，并用线扎口蒸熟。

用法：不加任何调料食用。

功效：适用于尿失禁。

小贴士

产妇分娩后要注意休息，不要过早负重和劳累，并且每日坚持做收缩肛门的运动5～10分钟，一有尿意，应马上去排尿，可以预防尿失禁。

产后恶露不尽

恶露指来自产道的出血，包括由于分娩而剥落的子宫内膜，胎盘剥离面以及产道伤口处的血性分泌物等，从分娩后会持续1个月左右。如产后已3周，仍有血性恶露，称为产后恶露不尽。

产后恶露不尽常见的原因大致可分为三种：一是组织物残留，二是宫腔感染，三是宫缩乏力。中医认为本病是由于气血失常、血瘀气滞引起的，可选择一些具有活血化瘀功效的偏方进行治疗。

脱力草红糖煮鸡蛋

原料：鸡蛋10个，脱力草、红糖各30克。

制法：将脱力草先熬水，去渣，再用滤液、红糖与鸡蛋同煮，以蛋熟为度。

用法：每日吃蛋2～3个。

功效：适用于产后恶露不绝。

鸡蛋

人参炖乌鸡

原料：人参10克，净乌鸡1只，盐少许。

制法：将人参浸软，切片，装入鸡腹，放入砂锅内，加盐、适量水炖至鸡烂熟。

用法：食肉饮汤，每日2～3次。

功效：对产后恶露不绝有疗效。

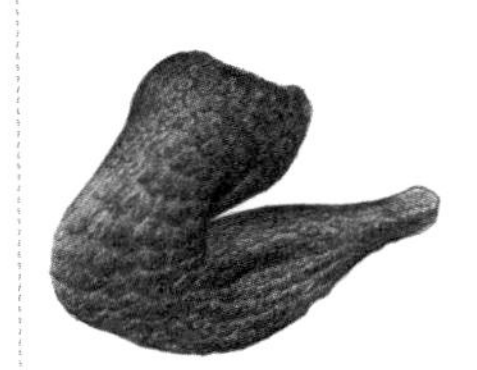

乌鸡肉

益母草红糖汤

原料：益母草30克，红糖10克。

制法：先将益母草浓煎、去渣，取滤液，放入红糖，煮1～2沸，即可服用。

用法：每日2～3次。

功效：适用于血瘀型产后恶露不绝。

益母草

鸡子羹

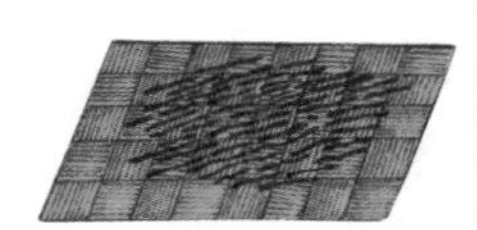
阿胶

原料：鸡蛋3个，阿胶30克，米酒100克，盐1克。

制法：先将鸡蛋打入碗内，用筷子搅匀，待用。阿胶打碎，在锅内炒一下，加入米酒和少许清水，用小火煎煮，待胶化后，倒入鸡蛋，加盐调味，稍煮片刻即可。

用法：日常食用。

功效：滋阴养血，清热宁血，调养冲任。适用于产妇阴血不足、血虚生热、热迫血溢而致的产后恶露不尽。

桂圆红枣粥

原料：桂圆、红枣各30克，粳米适量。

制法：将红枣去核，与桂圆、粳米同煮成粥。

用法：趁热食用，每日1次。

功效：适用于气虚型产后恶露不绝。

艾叶

收露汤

原料：制首乌、桑寄生各30克，党参20克，白术、益母草各15克，炙甘草、艾叶、血余炭各9克。

制法：水煎服。

用法：早晚各1次。

功效：益气养血，收涩止血。适用于产后恶露不尽。

小贴士

1.分娩前积极治疗各种妊娠病，如妊娠高血压综合征、贫血、阴道炎等。
2.胎膜早破、产程长者或剖宫产者要预防感染。
3.分娩后仔细检查胎盘、胎膜是否完全，如有残留应及时处理。
4.坚持哺乳，有利于子宫收缩和恶露排出。
5.临产分娩时注意保暖，防止因寒致瘀血留滞导致产后恶露不尽。

产后子宫复旧不全

产妇分娩后由于子宫肌肉的收缩作用，子宫的体积会明显变小，胎盘剥离后子宫因新生内膜的增长而得到修复，一般在产后5～6周即可恢复到非孕时的状态，这一过程称为产后子宫复旧。而产后子宫复旧不全则是分娩6周后子宫仍旧没有恢复到非孕时的状态。

产后子宫复旧不全病因非常复杂，可能由于部分胎盘、胎膜残留导致，也可能是因子宫过度后倾，影响恶露排出所致。本病属于中医“恶露不下”和“恶露不尽”的范畴。

双花炭益母草汤

原料：贯众炭30克，金银花炭、益母草各15克，党参12克，炒黄芩、炒牡丹皮、炒蒲黄、茜草、焦山楂各10克，大黄炭6克。

制法：将以上各味共用水煎服。

用法：每日1剂，5日为1个疗程。

功效：益气，祛瘀，清热。适用于产后子宫复旧不全。

益母草

益母草生蒲黄饮

原料：益母草12克，生蒲黄、川芎各6克，当归、山楂炭各9克。

制法：将以上各味共用水煎服。

用法：每日1剂。

功效：适用于产后子宫复旧不全。

黑芝麻

黑芝麻红糖茶

原料：红糖25克，黑芝麻5克，绿茶1克。

制法：将黑芝麻炒熟研末备用。每次按配方量将三味药加水400～500毫升搅匀。

用法：每日分3次温服。

功效：收缩子宫，促进恶露排出，还能补血催乳、润肠通便。

甘草

当归红花汤

原料：当归15克，制香附、山楂各12克，川芎6克，红花、陈皮、木香、炒枳壳各5克，甘草3克，生姜3片。

制法：将上以各味用水煎服。

用法：每日1剂，分2次服。

功效：活血化瘀，行气止痛。适用于产后子宫复旧不全。

山楂

当归失笑散汤

原料：当归、失笑散（包）各9克，桃仁、焦山楂各6克，川芎、炮姜各3克，益母草12克。

制法：将以上各味一起用水煎2次。

用法：分早晚2次服用，每日1剂。

功效：活血化瘀，散寒止痛。适用于产后子宫复旧不全。

三七

三七粉蒸鸡蛋

原料：三七粉5克，鸡蛋1个。

制法：将三七粉装入鸡蛋内，锡纸封口，蒸熟。

用法：食蛋，每日2次。

功效：止血化瘀，清热补虚。适用于产后子宫复旧不全。

地榆

焦艾当归汤

原料：焦艾、当归、生蒲黄、地榆炭各12克，贯众炭、血余炭、五灵脂、蚕砂各10克，甘草3克。

制法：将以上各味用冷水浸泡后，以小火煎2次，取300克药汁。

用法：每日1剂，分2次服。

功效：缩宫逐瘀。适用于产后子宫复旧不全。

小贴士

红糖具有益气补中、健脾暖胃、化食解痛之功，又有活血化瘀之效。产后喝红糖水有利于子宫收缩、复原和恶露排出等。但需注意的是，红糖水不可长期饮用，否则反而会使恶露增多，导致慢性失血性贫血。